普通高等教育电子信息类规划教材

# 信号与系统实验

龚　晶　许凤慧　卢　娟　孙梯全　娄朴根　编著

刘舒帆　主审

U0216999

机械工业出版社

"信号与系统实验"是通信电子、信息工程等专业的一门基础实验课程。本书紧密配合"信号与系统"课程理论教学,力求通过实验课程的开设培养读者的创新思维与工程实践能力。

全书正文分两部分,第一部分包括 10 项信号与系统的基本操作实验;第二部分包括 16 项 MATLAB 辅助设计与仿真实验。附录中介绍了信号与系统常用测量仪器的使用,MATLAB 的基本操作,以及本书 MATLAB 子函数使用情况的速查表。

本书对实验基本原理的介绍简明扼要,涉及的计算机软件知识通俗易懂。书中提供了大量的典型例题程序,并布置了相应的实验内容和设计课题,适合实验教学和读者自学。

本书可作为大学本科或专科通信工程、电子信息类专业的信号与系统实验教材,也可作为其他理工科相关专业的教师和学生的参考书。

## 图书在版编目(CIP)数据

信号与系统实验 / 龚晶等编著. —北京:机械工业出版社,2017.1
(2022.1 重印)
普通高等教育电子信息类规划教材
ISBN 978-7-111-55811-8

Ⅰ. ①信… Ⅱ. ①龚… Ⅲ. ①信号理论—高等学校—教材 ②信号系统—实验—高等学校—教材 Ⅳ. ①TN911.6-33

中国版本图书馆 CIP 数据核字(2016)第 323558 号

机械工业出版社(北京市百万庄大街 22 号 邮政编码 100037)
策划编辑:李馨馨 责任校对:张艳霞
责任编辑:李馨馨 责任印制:郜 敏
封面设计:鞠 杨

北京富资园科技发展有限公司印刷

2022 年 1 月第 1 版·第 3 次印刷
184mm×260mm·13.5 印张·320 千字
标准书号:ISBN 978-7-111-55811-8
定价:36.80 元

凡购本书,如有缺页、倒页、脱页,由本社发行部调换

电话服务 网络服务

服务咨询热线:(010)88379833 机工官网:www.cmpbook.com

机工官博:weibo.com/cmp1952

读者购书热线:(010)88379649 教育服务网:www.cmpedu.com

金书网:www.golden-book.com

**封面无防伪标均为盗版**

# 前　言

信号与系统实验是通信、电子、信息工程以及相关专业的必修课程。该实践课程由电路分析基础实验课程做基础，为后续的数字信号处理、语音处理、现代通信系统等专业基础实践课程做先导。学好这门实践课程，对于理解信号与系统的基本理论和提高学生的实际动手能力，是十分重要的。

随着大规模集成电路和计算机技术的发展，信号与信息处理以及相关学科与计算机的联系越来越紧密。这不仅体现在学科本身的建设上，同时也影响到这些专业学科教学的全过程。MATLAB 软件是对信号与系统课程的学习非常有帮助的辅助设计、分析及测试工具。因此，作为专业基础教学的实践课程，信号与系统实验中不但有许多基本的实验方法和手段需要学生熟练掌握，而且要把 MATLAB 这种有效的新型实验方法介绍给学生，使他们开拓思路，勇于实践，提高认识问题和解决问题的能力，更好地理解和掌握信号与系统的理论。

本着以上的目的，集多年教学的经验，根据本校专业设置的特点，借鉴兄弟学校教学改革的成功经验，我们编写了本教材。

本书分两部分，共 26 个实验专题，能够满足 30～40 学时的教学任务。

第一部分为信号与系统基本操作实验，共有 10 个实验专题。使学生了解和掌握信号与系统最基本的研究方法，训练他们的动手能力。这一部分的实验是必不可少的，也是仅用计算机模拟实验所不能替代的。

第二部分为 MATLAB 辅助设计与仿真分析实验，共有 16 个实验专题。训练学生利用 MATLAB 软件仿真进行信号与系统分析与应用。

为了使学生能够更好地掌握信号与系统理论与实践知识，本书对每个实验的基本原理都进行了简明扼要的介绍，并在 MATLAB 部分提供了大量的典型例题程序。在每个实验专题中都布置了实验任务或设计任务及思考题，适合实验教学和学生自学。书中"*"代表选做与选学内容。

附录中介绍了信号与系统常用测量仪器的使用，MATLAB 的基本操作，以及本书 MATLAB 子函数使用情况的速查表。

本书由龚晶、许凤慧、卢娟、孙梯全、娄朴根编写。刘舒帆、陆辉、赵红对本书的编写给予了大力支持，提出了很多宝贵意见，在此致以衷心的感谢。

由于编者水平有限，书中难免存在错漏之处，敬请读者批评指正。

编　者

# 目　　录

# 第一部分

## 信号与系统基本操作实验

# 1.1 连续时间信号的测量

## 1.1.1 实验目的

（1）了解常用的连续时间信号。

（2）学习和掌握连续时间信号的基本测量方法。

## 1.1.2 实验原理

### 1. 常用的连续时间信号

（1）单位冲激信号 $\begin{cases} \int_{-\infty}^{\infty} \delta(t)\mathrm{d}t = 1 \\ \delta(t) = 0 \qquad (t \neq 0) \end{cases}$

（2）单位阶跃信号 $u(t) = \begin{cases} 0 & (t < 0) \\ 1 & (t \geqslant 0) \end{cases}$

（3）单位斜变信号 $R(t) = \begin{cases} 0 & (t < 0) \\ t & (t \geqslant 0) \end{cases}$

（4）指数信号 $f(t) = k\mathrm{e}^{at}$，$a$ 为实数

（5）复指数信号 $f(t) = k\mathrm{e}^{st}$，$s = \sigma + \mathrm{j}\omega$

（6）正弦信号 $f(t) = k\sin(\omega t + \theta)$

（7）抽样函数信号 $\mathrm{Sa}(t) = \dfrac{\sin t}{t}$

（8）钟形脉冲信号 $f(t) = E\mathrm{e}^{-(t/\tau)^2}$

另外，还有周期性的矩形脉冲信号、锯齿波信号、三角波信号等。

### 2. 连续时间信号的基本测量方法

在实际操作中，非周期的信号波形一般很难用传统的电子仪器来产生。因而，对于传统的操作实验来说，主要研究的对象是周期性信号的波形。

反映一个周期性连续时间信号特点的物理量有波形、幅度、周期和频率、相移等。可以用示波器进行周期性连续时间信号的观察和测量，用频率计来测量信号的频率及周期。测量电路如图 1-1 所示。

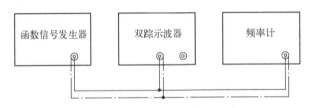

图 1-1　周期性连续时间信号的测量

### 1.1.3 实验任务

**1. 测量正弦信号**

按照图 1-1 连接电路，函数信号发生器按表 1-1 输出频率和电压幅值为一定值的正弦信号。用双踪示波器观察正弦交流电压的波形，测量其峰-峰值、周期和频率，用频率计测量信号的频率，将测量结果填入表 1-1 中。

表 1-1　测量正弦信号

| 仪　器 | 信号发生器 | | 双踪示波器 | | | | | | 频率计 |
|---|---|---|---|---|---|---|---|---|---|
| 测量项目 | 电压 | 频率 | 电压 | | | 周期 | | | 频率 |
| | $U_m$ | $f$ | V/DIV | $H$ | $U_{P-P}$ | s/DIV | $D$ | $T$ | $f$ |
| 测量值 | 0.6V | 1 kHz | | | | | | | |
| 测量值 | 1.5V | 12.5kHz | | | | | | | |

表中，V/DIV 表示双踪示波器的 $Y$ 轴（电压）灵敏度；$H$ 为波形峰-峰所占的格数；s/DIV 表示双踪示波器的 $X$ 轴扫描速率；$D$ 为波形一个周期所占的格数。

**2. 调整矩形信号**

按照图 1-1 连接电路，并将函数信号发生器的输出信号调整为矩形信号。按图 1-2 的波形调整好函数信号发生器的输出频率和电压幅度值。

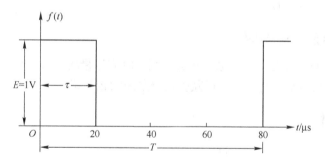

图 1-2　一个周期性矩形信号

细致地调节函数信号发生器的"波形对称性"（或脉冲占空比）调节控制件，使双踪示波器上波形的脉冲宽度 $\tau$ 与周期 $T$ 的比值为 1:4。

测量表 1-2 中的有关数据，并做好记录。

表 1-2　调整矩形信号

| 仪器 | 信号发生器 | | 双踪示波器 | | | | | | | | 频率计 |
|---|---|---|---|---|---|---|---|---|---|---|---|
| 测量项目 | 电压 | 频率 | 电压 | | | 周期 | | | 脉冲宽度 | | 频率 |
| | $U$ | $f$ | V/DIV | $H$ | $E$ | s/DIV | $D$ | $T$ | $d$ | $\tau$ | $f$ |
| 测量值 | | | 1V | | | | | 80μs | | 20μs | |

### 3．观察锯齿波和三角波

（1）将函数信号发生器的输出信号波形调整为锯齿波信号，使函数信号发生器的输出频率为 10kHz，电压幅度值为 2V。在如图 1-3 所示的坐标中描绘所观察到的信号一个周期的波形，试写出该波形的数学表达式。

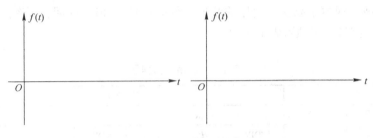

图 1-3　描绘观察到的信号

（2）细致地调节函数信号发生器的"波形对称性"调节控制件，使双踪示波器上的波形由锯齿波信号转换为三角波信号。在如图 1-3 所示的坐标中描绘所观察到的信号一个周期的波形，试写出该波形的数学表达式。

### 4．观察单脉冲信号

将函数信号发生器的单脉冲信号作为被测量信号，用示波器观察其波形。此时，示波器的 $X$ 轴扫描速率应放置在 20ms/DIV～0.2s/DIV 范围的档位上。由观察到的信号，理解单脉冲信号与周期性脉冲信号的关系。

## 1.1.4　实验要求及注意事项

为了提高测量的准确度，连接电路和进行测量时应尽量将函数信号发生器、示波器、频率计等实验仪器的接地端接在一起，以减少仪器之间的相互影响。

## 1.1.5　实验器材

| 函数信号发生器 | 一台 |
|---|---|
| 双踪示波器 | 一台 |
| 频率计 | 一台 |

## 1.1.6　实验预习

（1）预习信号发生器、频率计及双踪示波器的使用方法。

（2）熟悉各种信号的波形，了解信号的主要物理量及其测量方法。

（3）预习思考题如下：

1）信号的有效值、振幅值以及峰-峰值之间符合怎样的关系？

2）信号的周期和频率有何关系？

## 1.1.7　实验报告

（1）简述各项实验任务，整理并填写表 1-1、表 1-2。

（2）描绘锯齿波信号、三角波信号的波形，并列写对应波形的数学表达式。

（3）简述单脉冲信号与周期性脉冲信号的关系。

（4）回答预习思考题。

# 1.2　系统频率响应的测量

## 1.2.1　实验目的

（1）了解连续线性时不变系统的基本分析方法。

（2）掌握系统的正弦稳态响应的研究方法。

（3）学习系统频率响应特性的基本测量方法。

## 1.2.2　实验原理

### 1. 系统的正弦稳态响应

当连续线性时不变（LTI）系统的激励信号为单一的正弦信号时，测量系统中的某一响应，得到的稳态响应仍为同频率的正弦信号。

在学习电路基础课程时已知，正弦稳态电路中的电阻、电感、电容分别符合下列规律：

（1）电阻 $R$ 两端的正弦电压与流过电阻的正弦电流之间符合公式 $\dot{U}=R\dot{I}$，其电压与电流波形的相位一致。

（2）电感 $L$ 两端的正弦电压与流过电感的正弦电流之间符合公式 $\dot{U}=Z_{\mathrm{L}}\dot{I}$，其中，$Z_{\mathrm{L}}=\mathrm{j}\omega L$，电压的相位超前电流的相位 $90°$。

（3）电容 $C$ 两端的正弦电压与流过电容的正弦电流之间符合公式 $\dot{U}=Z_{\mathrm{C}}\dot{I}$，其中，$Z_{\mathrm{C}}=1/\mathrm{j}\omega C$，电压的相位滞后电流的相位 $90°$。

由这些元件组成的电路系统不论多么复杂，每个单一元件上的电压与电流总是符合上述关系。

在信号与系统课程中，往往把单个元件上的正弦稳态响应作为结论来使用，并将研究的重点放在整个系统上。

### 2. 系统的频率响应特性

从理论课程的学习中可知，系统可以从时间域和频率域两个角度来进行研究。一个 LTI 系统中，时域、频域之间的关系符合图 1-4。

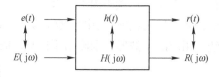

图 1-4　LTI 系统时域、频域之间的关系

把系统的频域响应向量 $R(\mathrm{j}\omega)$ 与激励向量 $E(\mathrm{j}\omega)$ 相比，即得到系统的频率响应特性

$$H(\mathrm{j}\omega)=\frac{R(\mathrm{j}\omega)}{E(\mathrm{j}\omega)}=\left|H(\mathrm{j}\omega)\right|\mathrm{e}^{\mathrm{j}\varphi(\omega)}$$

由此可知，系统的频率响应特性其模 $\left|H(\mathrm{j}\omega)\right|$ 和辐角 $\varphi(\omega)$ 都是频率的函数。$\left|H(\mathrm{j}\omega)\right|$ 称为系统的"幅频响应特性"，它反映了响应与激励在幅度上与频率的关系；$\varphi(\omega)$ 称为系统的

"相频响应特性",它反映了响应与激励的相移与频率的关系。幅频特性和相频特性两者统称为系统的"频率响应特性",简称"频响特性"。

根据系统激励与响应向量的不同(电压或电流),可以分为图 1-5 所示的 6 种系统频响特性函数。如当激励和响应位于同一对端口时称为"策动点函数",激励和响应位于不同端口时称为"转移函数"。其中,用得最多的是转移电压比和策动点阻抗。

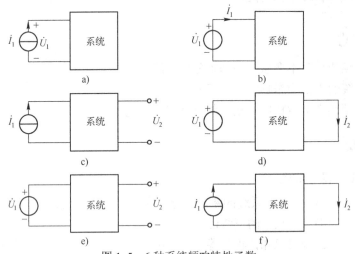

图 1-5　6 种系统频响特性函数

a) 策动点阻抗 $= \dfrac{\dot{U}_1}{\dot{I}_1}$　b) 策动点导纳 $= \dfrac{\dot{I}_1}{\dot{U}_1}$　c) 转移阻抗 $= \dfrac{\dot{U}_2}{\dot{I}_1}$　d) 转移导纳 $= \dfrac{\dot{I}_2}{\dot{U}_1}$　e) 转移电压比 $= \dfrac{\dot{U}_2}{\dot{U}_1}$　f) 转移电流比 $= \dfrac{\dot{I}_2}{\dot{I}_1}$

从激励信号的角度,当 LTI 系统的激励信号为单一的正弦信号时,可以得到系统中某一端对的正弦稳态响应特性;当 LTI 系统的激励信号为一组排列有序的正弦信号时,可以得到系统中某一端对的频率响应特性。

### 3．系统频响特性的测量方法

系统频率响应特性的测量方法主要有逐点描绘法和扫频测量法。

(1)逐点描绘法。逐点描绘法是严格按照频率特性的定义进行的。图 1-6 为逐点描绘法测量转移电压比的原理方框图。其中,信号发生器为系统提供频率可调、幅度恒定的输入电压 $U_1$。在整个工作频段内逐点改变输入信号的频率 $f$,用交流电压表分别测出各个测量频率 $f$ 时的输入电压 $U_1$ 和输出电压 $U_2$,计算出 $U_2$ 与 $U_1$ 的比值,即可根据测量数据描绘出幅频特性曲线。用双踪示波器分别测出不同频率时 $U_2$ 和 $U_1$ 之间的相位差,即可描绘出相频特性曲线。

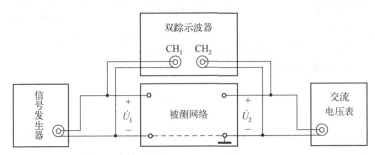

图 1-6　逐点描绘法测量转移电压比的原理方框图

　　逐点描绘法的优点是可以使用常用的简单仪器进行测量，但由于测量一条特性曲线需取的频率点一般需要 10 个以上，很费时间。而且由于测量时间过长会因测量仪器不稳定等原因影响到测试数据的准确性，因此，所测得的频率特性是近似的。

　　（2）扫频测量法。扫频测量法主要使用频率特性测试仪（又称扫频仪）进行测量，它能在仪表的荧光屏上直接显示出一定频率范围内的频率特性曲线。

　　扫频仪的工作原理如图 1-7 所示。扫描电压发生器产生锯齿波电压，它一方面供给示波管的水平偏转板，使电子束在水平方向偏转；另一方面控制扫频信号发生器，使扫频信号发生器的输出信号的频率与扫描电压的幅度成正比。因此，电子束在荧光屏上的每一水平位置，都对应于某一频率，并且是按顺序均匀变化的。这样荧光屏上的水平扫描线便表示频率轴。扫频信号发生器输出的频率均匀变化而幅度恒定的电压加在被测系统的输入端后，被测系统的输出电压必然由系统的幅频特性所决定，此电压经检波器放大后加到示波管的垂直偏转板，在荧光屏上便显示出被测系统的幅频

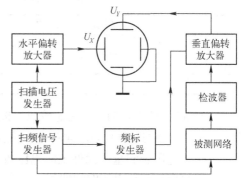

图 1-7　扫频测量法工作原理图

特性曲线。频率范围可通过调节扫频信号发生器而改变。由于扫频发生器不可能有很宽的扫频范围，所以频率特性测试仪一般分为若干个频段，或分别做成用于不同频段的仪器。

　　为了便于将荧光屏上观察到的图形与频率相对应，扫频仪内还设有频标发生器，使频率稳定和准确。

　　扫频测量法与逐点描绘法比较，具有快速、可靠、直观等特点，因此，扫频测量法得到了广泛的应用。但扫频仪仅能显示电路的幅频特性曲线，相位差的测量仍需使用示波器。

### 1.2.3　实验任务

#### 1．系统的正弦稳态响应

　　（1）RL 串联电路的正弦稳态响应。按照图 1-8 连接电路，信号发生器提供一正弦交流信号，其中 $f=8kHz$，电压 $U=4V$（以交流电压表测量值为准）。

　　用交流电压表测量各元件上的电压数值。根据图 1-9，用元件测量值计算电路中的总电压 $U$，计算总电压与总电流的相位差 $\varphi$。将测量数据与计算数据填入表 1-3。

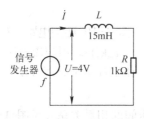

图 1-8　RL 串联电路

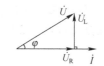

图 1-9　电路相量图

　　用双踪示波器测量电路中总电压 $\dot{U}$ 与总电流 $\dot{i}$ 的相位差 $\varphi$，填入表 1-3。其中，总电流

$\dot{I}$ 与电阻上的电压 $\dot{U}_R$ 同相，又因为示波器是测量电压的仪器，因此，测量总电压 $\dot{U}$ 与总电流 $\dot{I}$ 的相位差 $\varphi$ 时，将示波器的一个通道连接总电压 $\dot{U}$，另一个通道连接电阻上的电压 $\dot{U}_R$，则

$$\varphi = \frac{B}{A} \times 360$$

式中，$A$ 为正弦交流信号一个周期所占的格数；$B$ 为两个被测量信号波形相差的格数。

**表 1-3　研究 RL 串联电路的正弦稳态响应**

| | 测量各元件上的电压值 | | | | | 示波器测量 | | |
| --- | --- | --- | --- | --- | --- | --- | --- | --- |
| | $\dot{U}$ | $\dot{U}_R$ | $\dot{U}_L$ | 计算 $V$ | 计算 $\varphi$ | $B$ | $A$ | 测量 $\varphi$ |
| 理论值 | 4V | | | | | ---- | ---- | ---- |
| 实测值 | 4V | | | | | | | |

（2）RC 串联电路的正弦稳态响应。按照图 1-10 连接电路，信号发生器提供一正弦交流信号，其中 $f$=2kHz，电压 $\dot{U}$=4V（以交流电压表测量值为准）。

用交流电压表测量各元件上的电压数值。根据图 1-11，用测量值计算电路中的总电压 $\dot{U}$，计算总电压与总电流的相位差 $\varphi$。将测量数据与计算数据填入表 1-4。

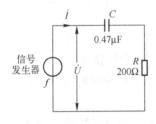

图 1-10　RC 串联电路

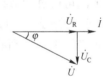

图 1-11　电路相量图

用双踪示波器测量电路中总电压 $\dot{U}$ 与总电流 $\dot{I}$ 的相位差 $\varphi$，填入表 1-4。

**表 1-4　研究 RC 串联电路的正弦稳态响应**

| | 测量各元件上的电压值 | | | | | 示波器测量 | | |
| --- | --- | --- | --- | --- | --- | --- | --- | --- |
| | $\dot{U}$ | $\dot{U}_R$ | $\dot{U}_L$ | 计算 $U$ | 计算 $\varphi$ | $B$ | $A$ | 测量 $\varphi$ |
| 理论值 | 4V | | | | | ---- | ---- | ---- |
| 实测值 | 4V | | | | | | | |

**2．系统的频率响应特性**

（1）RC 高通电路的幅频响应和相频响应。按照图 1-10 连接电路，$U$=1V，并始终保持不变；改变输入信号的频率，其频率变化范围为 0.2～12kHz。用交流电压表测量不同频率的输出电压 $U_R$，将数据记入表 1-5 中。计算 $U_R/U$，在坐标纸上逐点描绘 RC 高通电路的幅频响应曲线。

根据交流电压表测量的 $U$ 和 $U_R$，利用各电压间的相量关系（见图 1-11），计算不同频率时的相位差，数据记入表 1-5 的 $\varphi_{量测}$ 一栏。

将双踪示波器同时输入电压 $U$ 和 $U_R$，用双踪示波器读测对应不同频率时的相位差，数

据记入表 1-5 中 $\varphi_{读测}$ 一栏。在坐标纸上逐点描绘 RC 高通电路的相频响应曲线。

表 1-5　RC 高通电路幅频特性和相频特性的测量

| $f/\text{kHz}$ | 0.2 | | 1.0 | | | $f_g'$ | | 6.0 | | 12 |
|---|---|---|---|---|---|---|---|---|---|---|
| $U_R$ 理论/V | | | | | | | | | | |
| $U$/V | | | | | | | | | | |
| $U_R$/V | | | | | | | | | | |
| $\dfrac{U_R}{U}$ | | | | | | | | | | |
| $\varphi_{理论}/°$ | | | | | | | | | | |
| $\varphi_{量测}/°$ | | | | | | | | | | |
| $\varphi_{读测}/°$ | | | | | | | | | | |

　　注意记录 $f_g=$ 　　　　，$f_g'=$ 　　　　。其中，$f_g$ 为 RC 高通电路截止频率的理论值。理论上，输入信号的频率 $f=f_g$ 时，输出信号的电压应符合 $U_R=0.707U$。实验中，请根据这一特性测出该电路截止频率的实际值 $f_g'$。

　　（2）测量 RC 双 T 形电路的幅频特性。RC 双 T 形电路如图 1-12 所示，取 $R=1\text{k}\Omega$，$C=0.01\mu\text{F}$。测量 $U_1=1\text{V}$ 并始终保持不变，频率测量范围为 2～80kHz 时 $U_2$ 的数据。将测量数据记入表 1-6。在坐标纸上逐点描绘 RC 双 T 形电路的幅频响应曲线。

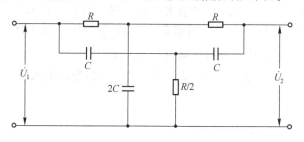

图 1-12　RC 双 T 形电路

表 1-6　RC 双 T 形电路幅频特性的测量

| $f/\text{kHz}$ | 2 | | $f_1'$ | | $f_0'$ | | | $f_2'$ | | 80 |
|---|---|---|---|---|---|---|---|---|---|---|
| $U_2$ 理论/V | | | | | | | | | | |
| $U_1$/V | | | | | | | | | | |
| $U_2$/V | | | | | | | | | | |
| $\dfrac{U_2}{U_1}$ | | | | | | | | | | |
| $f_0=$ | | | $f_0'=$ | | 理论 $U_{2\min}=$ | | | 实测 $U_{2\min}=$ | | |
| $f_1=$ | | | $f_1'=$ | | $f_2=$ | | | $f_2'=$ | | |

　　RC 双 T 形电路是一个带阻滤波电路。其幅频特性曲线变化率最大的位置在频率为 $f_0$ 处，此时输出电压最小，$U_2=U_{2\min}$（理论值为 0）。在 $f_0$ 的两边有两个截止频率点 $f_1$ 和 $f_2$，对应 $U_2/U_1$ 的比值为 0.707。

为了完整地描绘 $RC$ 双 T 形电路幅频特性曲线，必须合理选择各测量点的频率。实验中要测量出 $U_2 = U_{2min}$ 时，电路的实际频率 $f_0'$ 以及 $f_1'$ 和 $f_2'$。

### 1.2.4　实验要求及注意事项

（1）在测量频率范围内各频率点的选择应以足够描绘一条光滑而完整的曲线为准，在变化率小的地方可以少测几点，在变化率大的地方应多测几点，但测量点总数不得少于 10 个。

（2）测量各频率特性时，应注意在改变频率时保持被测电路的输入电压不变。

### 1.2.5　实验器材

| | |
|---|---|
| 信号发生器 | 一台 |
| 双踪示波器 | 一台 |
| 交流电压表 | 一台 |
| 综合实验箱 | 一台 |

### 1.2.6　实验预习

（1）阅读实验原理部分，学习系统正弦稳态响应的研究方法，以及系统频率响应特性的测量方法。

（2）计算图 1-8 所示 $RL$ 电路中的有关理论数据，填入表 1-3。

（3）计算图 1-10 所示 $RC$ 电路中的有关理论数据，填入表 1-4。

（4）按照图 1-10 计算该电路的通带截止频率 $f_g$。并分别计算在 $f$ =0.2、1.0、6.0、12.0kHz 时的 $U_R$ 和 $\varphi$ 的理论值，并将数据填入表 1-5。

（5）按照图 1-12 计算其 $f_0$、$f_1$ 和 $f_2$ 的理论值，并将数据填入表 1-6。

### 1.2.7　实验报告

（1）列写各实验数据表格。

（2）绘制各实测频率响应特性曲线。

（3）思考题如下：

1）在测量系统的频率响应特性时，信号发生器的输出电压一般会随着频率的调整而变化，为什么？实验中，采取何种方法保证被测电路的输入电压不变？

2）理论上 $RC$ 双 T 形电路，当 $f = f_0$ 时，$U_2 = 0$，实测时一般 $U_{2min} \neq 0$，为什么？

## 1.3　矩形脉冲通过一阶电路

### 1.3.1　实验目的

（1）学习使用信号发生器和双踪示波器研究一阶电路的响应。

（2）观测一阶电路的时间常数 $\tau$ 对电路瞬态过程的影响。

### 1.3.2 实验原理

#### 1．一阶电路的阶跃响应

含有 $L$、$C$ 储能元件的电路系统通常用微分方程来描述，电路的阶数取决于微分方程的阶数。凡是用一阶微分方程描述的电路称为一阶电路。一阶电路由一个储能元件和电阻组成，具有两种组合，即 $RC$ 电路和 $RL$ 电路。

根据给定的初始条件和列写出的一阶微分方程以及激励信号，可以求得一阶电路的瞬态响应。当系统的激励信号为阶跃函数时，其瞬态电压响应一般可表示为下列两种形式：

$$u(t) = U_S \mathrm{e}^{-\frac{t}{\tau}}, \qquad (t \geqslant 0) \tag{1-3-1}$$

或

$$u(t) = U_S(1 - \mathrm{e}^{-\frac{t}{\tau}}), \qquad (t \geqslant 0) \tag{1-3-2}$$

式中，$\tau$ 为电路的时间常数。在 $RC$ 电路中，$\tau = RC$；在 $RL$ 电路中，$\tau = \dfrac{L}{R}$。电流响应的形式与之相似。

#### 2．瞬态响应的测量

系统瞬态响应的测量主要是使用各种示波器来进行。如普通的双踪示波器、超低频示波器和专用示波器——暂态特性测量仪。

由于响应的瞬态过程通常很短，且往往是非周期的，因此，在实验方法上，通常采用周期性信号来代替原有的非周期信号，以便能在示波器上显示稳定的波形。例如，用周期性矩形脉冲代替阶跃信号，用周期性窄脉冲代替冲激信号。其适用条件是要求矩形脉冲和窄脉冲应有足够长的周期，使每一次由它们激励产生的响应在下一个激励到来之前其影响能基本消失。这种方法的实质是使非周期的瞬态过程周期性重复，从而便于使用示波器对其进行观测。

用双踪示波器测量系统的响应波形，其测量电路示意图如图 1-13 所示。图中脉冲信号发生器为被测系统提供所需的脉冲信号，双踪示波器显示系统输入和响应的波形。

图 1-13 示波器测量系统响应示意图

使用时要注意，对于响应的瞬态过程非常短暂的波形，示波器应该工作在触发扫描状态，而不能工作在连续扫描状态。对于变化较慢的非周期波形进行观察时，可以采用慢扫速示波器。慢扫速示波器的特点是具有长余辉示波管及扫描时间相当长的扫描发生器。如果仪表附加摄像装置，还可以对信号进行拍片研究。

#### 3．时间常数 $\tau$ 的测算

由式（1-3-1）可知，瞬态电压从 $t=0$ 起由 $U_S$ 按指数规律衰减；由式（1-3-2）可知，瞬态电压从 $t=0$ 起由 0 逐渐上升最后至 $U_S$。下面以衰减波形为例，来讨论时间常数 $\tau$ 的

测算方法。

（1）方法 1：利用每隔 $\tau$ 衰减为原来的 $1/e = 0.368$ 。设起始电压 $U_S = 1$ ，则 $u(\tau) = e^{-t/\tau} \mid_{t=\tau} = 1/e$ ， $u(2\tau) = e^{-2} = u(\tau)\dfrac{1}{e}$ ，…其规律是：每隔时间 $\tau$ 瞬态电压衰减为原来的 $1/e = 0.368$ 。依此规律并对照图 1-14a，只要在瞬态响应曲线纵坐标上找出 1 和 0.368 两点对应的横坐标之间的距离，此距离就是时间常数 $\tau$ 。

（2）方法 2：利用半衰期的概念。仍设起始电压 $U_S = 1$ ，从 $t=0$ 开始，设瞬态电压衰减为起始值的一半时的时间为 $t_1$ ， $u(t_1) = e^{-t_1/\tau} = 1/2$ ，则 $t_1 = \tau \ln 2 \approx 0.7\tau$ ；再过 $t_1$ 时间，即 $t = 2t_1$ 时， $u(2t_1) = e^{-2t_1/\tau} = (1/2)^2 = u(t_1)\dfrac{1}{2} = 1/4$ ，…其规律是：每隔 $0.7\tau$ 瞬态电压衰减为原来的一半， $0.7\tau$ 称为半衰期。依此规律并对照图 1-15a，只要在瞬态响应曲线纵坐标上找出 1 和 1/2 这两点的横坐标之间的距离，此距离就是半衰期 $0.7\tau$ ，由此可求得时间常数 $\tau$ 。

图 1-15b 为上升波形，分析方法与衰减波形类似，此处不再累述，实验时可作为参考。

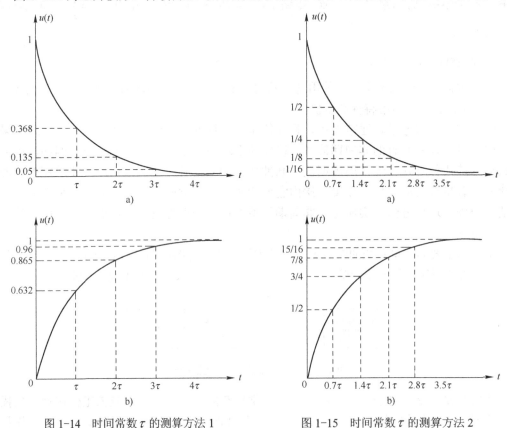

图 1-14　时间常数 $\tau$ 的测算方法 1　　　图 1-15　时间常数 $\tau$ 的测算方法 2

### 4．矩形脉冲作用于一阶电路

当周期性变化的矩形脉冲信号作为电路的激励信号时，这个输入信号可以看成阶跃信号的叠加。矩形脉冲波的半个周期应大于被测一阶电路时间常数的 3～5 倍；当矩形脉冲波的半周期小于被测电路时间常数的 3～5 倍时情况则较为复杂。

如图 1-16a 所示，这里的矩形脉冲序列其周期为 $T$ ，脉冲宽度为 $T/2$ 。以 $RC$ 电路 $u_C(t)$

波形为例，当 $T/2>(3\sim5)\tau$ 时，在 $0\leqslant t\leqslant T/2$ 半个周期内，电容充电，在 $t=T/2$ 时电容电压 $u_C(t)$ 可认为已上升到 $U_S$，充电完毕；在 $T/2\leqslant t\leqslant T$ 的半周期内，电容放电，到 $t=T$ 时，电容电压认为已下降到零，放电完毕，如图 1-16b 所示，每半个周期之间彼此无关。电阻电压 $u_R(t)$ 的波形则反映了充电电流和放电电流的波形，如图 1-16c 所示。当 $T/2<(3\sim5)\tau$ 时，如图 1-17a 所示，此时电容电压 $u_C(t)$ 在 $0\leqslant t\leqslant T/2$ 充电半周期内未充足，并且在 $T/2\leqslant t\leqslant T$ 放电半周期内电容电压也未能放完。其 $u_R(t)$ 的波形如图 1-17b 所示。

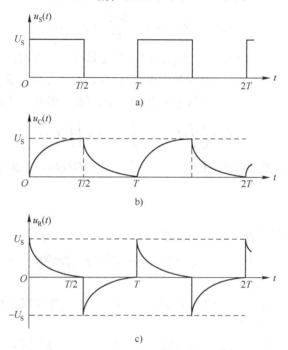

图 1-16 当 $T/2>(3\sim5)\tau$ 时，$RC$ 电路的响应波形

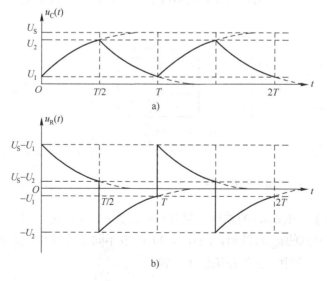

图 1-17 当 $T/2<(3\sim5)\tau$ 时，$RC$ 电路的响应波形

### *5. 一阶电路的应用

一阶电路在电子技术中应用较广，通常用作微分电路、积分电路和耦合电路等。下面以 $RC$ 电路为例，对微分电路和积分电路作一简要说明。若有一激励信号 $e(t)$ 作用于 $RC$ 电路，$e(t)$ 中含有角频率为 $\omega$ 的分量。

（1）微分电路。从电阻 $R$ 上得到响应电压 $u_R(t)$，且存在条件 $R \ll 1/\omega C$，即电路的阻抗可近似视为电容的容抗；这样，电路中的电流 $i(t) \approx Cde(t)/dt$，电阻 $R$ 上的电压

$$u_R(t) = Ri(t) \approx RC\frac{de(t)}{dt} = \tau\frac{de(t)}{dt}$$

即响应电压 $u_R(t)$ 与输入激励 $e(t)$ 的导数成比例，电路具有微分作用，这就是微分电路。

（2）积分电路。从电容 $C$ 上得到响应电压 $u_C(t)$，且存在条件 $R \gg 1/\omega C$，即电路的阻抗可近似视为电阻 $R$，这样，电路中的电流为 $i(t) = e(t)/R$，电容 $C$ 上的电压

$$u_C(t) = \frac{1}{C}\int i dt = \frac{1}{RC}\int e(t)dt = \frac{1}{\tau}\int e(t)dt$$

即响应电压 $u_C(t)$ 是输入激励 $e(t)$ 的积分，电路具有积分的性质，这就是积分电路。

## 1.3.3 实验任务

### 1. 观察矩形脉冲通过 $RC$ 电路的响应

（1）连接实验电路，调整矩形脉冲信号，使信号发生器输出一个周期为 $400\mu s$，脉冲宽度为 $200\mu s$ 的矩形脉冲信号。

图 1-18 中实验板电路部分按图 1-19 连接，即 1-1′端为矩形脉冲信号的输入端，2-2′端为电容电压 $u_C(t)$ 波形的观测端。

将双踪示波器 $Y$ 轴 $Y1$ 和 $Y2$ 的两对输入线同时并接在被测电路 1-1′端，调节 $Y1$ 和 $Y2$ 灵敏度选择开关，使它们测量同一个输入波形时，两通道显示的波形幅度一致、完全重合，且在示波器上显示为 3V。然后，将 $Y2$ 电缆接至 2-2′端，此时整个电路按照图 1-18 连接、调整完毕。

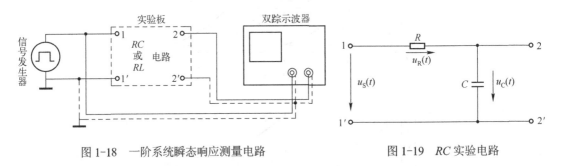

图 1-18 一阶系统瞬态响应测量电路          图 1-19 $RC$ 实验电路

（2）观察电容上电压 $u_C(t)$ 的波形，测算时间常数 $\tau$。按照表 1-7 所列项目进行观测。根据从示波器上观察到的 $u_C(t)$ 波形，测算 $R$ 和 $C$ 取不同参数时的时间常数 $\tau$，将测得的结果填入表 1-7 实测 $\tau$ 一栏中，并与理论值相比较。

表 1-7  RC 电路实验项目

| 项　目 | $R/\mathrm{k\Omega}$ | $C/\mathrm{pF}$ | 理论 $\tau/\mathrm{\mu s}$ | 实测 $\tau/\mathrm{\mu s}$ |
|---|---|---|---|---|
| 1 | 10 | 2000 | | |
| 2 | 20 | 2000 | | |
| 3 | 20 | 4000 | | |

（3）观测电阻上电压 $u_R(t)$ 的波形。保持图 1-19 的接线不变，利用双踪示波器的有关控制件，使波形 $u_R(t)$ 显示在屏幕上。由于 $u_R(t)=u_S(t)-u_C(t)$，所以可以调整示波器 Y2 的极性控制键使之成为 $-u_C(t)$，同时将显示方式调整为"相加"。此时示波器上将显示 $Y1-Y2$ 的波形，即 $u_R(t)$ 的波形。

**2. 观测矩形脉冲通过 RL 电路的响应**

（1）连接实验电路，调整矩形脉冲信号，使信号发生器仍输出一个周期为 400μs，脉冲宽度为 200μs 的矩形脉冲信号。

图 1-18 中实验板电路部分按图 1-20 连接，即 1-1′端为矩形脉冲信号的输入端，2-2′端为电阻电压 $u_R(t)$ 波形的观测端。

将双踪示波器 Y 轴 Y1 和 Y2 的两对输入线同时并接在被测电路 1-1′端，调节 Y1 和 Y2 灵敏度选择开关，使它们测量同一个输入波形时，两通道显示的波形幅度一致、完全重合，且在示波器上显示为 3V。然后，将 Y2 电缆接至 2-2′端，此时 RL 电路按图 1-18 连接、调整完毕。

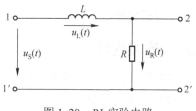

图 1-20  RL 实验电路

（2）观察电阻上电压 $u_R(t)$ 的波形，测算时间常数 $\tau$。按照表 1-8 所列项目进行观测。根据从示波器上观察到的 $u_R(t)$ 波形，测算 $R$ 和 $L$ 取不同参数时的时间常数 $\tau$，将测得的结果填入表 1-8 的实测 $\tau$ 一栏中，并与理论值相比较。

（3）观测电感上电压 $u_L(t)$ 的波形。保持图 1-18 的接线不变，利用双踪示波器的有关控制件，使波形 $u_L(t)$ 显示在屏幕上。将 $u_S(t)$ 和 $u_R(t)$ 仍分别接在 Y1 和 Y2 的输入端，调整示波器的 Y2 的极性控制键使之成为 $-u_R(t)$ 输入，同时将显示方式调整为"相加"，此时即显示 $u_L(t)=u_S(t)-u_R(t)$ 的波形。

（4）绘制 RL 电路瞬态响应的波形。绘制表 1-8 中第二项，对应输入 $u_S(t)$，RL 电路中 $u_R(t)$ 和 $u_L(t)$ 的波形。

表 1-8  RL 电路实验项目

| 项　目 | $R/\mathrm{k\Omega}$ | $L/\mathrm{mH}$ | 理论 $\tau/\mathrm{\mu s}$ | 实测 $\tau/\mathrm{\mu s}$ |
|---|---|---|---|---|
| 1 | 1 | 22 | | |
| 2 | 0.5 | 22 | | |

**\*3. 观察 RC 微分电路和积分电路的波形**

自行设计并连接实验电路，观察并描绘在矩形脉冲信号激励下微分电路和积分电路的瞬态波形。简要地写出实验步骤，并标明此时 $R$、$C$ 及时间常数 $\tau$ 的数值。

### 1.3.4　实验要求与注意事项

（1）应尽量将信号发生器、示波器、实验电路的接地端共接在一起。

（2）在测量时间常数 $\tau$ 前，必须保证双踪示波器 Y 轴的两个通道显示同一波形时幅度一致、完全重合，否则将影响测量的准确性。

（3）注意结合实验报告中的思考题观测 $u_R(t)$ 和 $u_L(t)$ 的波形，绘出其波形并总结出特点，回答预习思考。

（4）作图时请注意，瞬态波形应是对应激励信号 $u_S(t)$ 一个周期的响应波形，其横坐标应不小于周期 $T$。

### 1.3.5　实验器材

信号发生器　　　　　　一台
双踪示波器　　　　　　一台
综合实验箱　　　　　　一台

### 1.3.6　实验预习

（1）预习信号发生器和双踪示波器的使用方法。

（2）熟悉教材中有关一阶电路瞬态响应的理论分析方法，并据此分别预先画出在矩形脉冲信号激励的一个周期的时间内，$RC$ 电路中响应电压 $u_C(t)$、$u_R(t)$ 的波形以及 $RL$ 电路中响应电压 $u_R(t)$、$u_L(t)$ 的波形，并计算表 1-7、表 1-8 中时间常数 $\tau$ 的理论值。

*（3）根据本实验的原理 5，分别预先画出在矩形脉冲信号激励下微分电路和积分电路的电压波形。

### 1.3.7　实验报告

（1）将测算出的时常数 $\tau$ 填入表 1-7、表 1-8 中，并与理论计算值进行比较分析。

（2）画出在矩形脉冲信号作用下 $RL$ 电路当 $R=0.5\text{k}\Omega$，$L=22\text{mH}$ 时，输入矩形脉冲 $u_S(t)$、输出响应电压 $u_R(t)$ 和 $u_L(t)$ 的波形。

（3）思考题：在 $RC$ 电路中，当矩形脉冲的半个周期大于时常数的 3～5 倍时，$u_C(t)$ 的波形的稳定值能达到矩形脉冲的高度。但是在 $RL$ 电路中观测 $u_R(t)$ 的波形时，同样是矩形脉冲的半个周期大于时间常数的 3～5 倍，但其 $u_R(t)$ 波形的稳定值往往小于矩形脉冲的高度，试分析原因。

*（4）画出微分电路和积分电路输入信号波形和输出响应波形。

## 1.4　二阶电路的瞬态响应

### 1.4.1　实验目的

（1）观测 $RLC$ 电路中元件参数对电路瞬态的影响。

（2）研究 $RC$ 脉冲分压器的瞬态响应特性，理解信号通过线性系统的不失真条件。

## 1.4.2 实验原理

### 1. $RLC$ 电路的瞬态响应

可用二阶微分方程来描述的电路称为二阶电路，$RLC$ 电路就是其中的一个例子。

由于 $RLC$ 电路中包含不同性质的储能元件，当受到激励后，电场储能与磁场储能将会相互转换，形成振荡。如果电路中存在电阻，那么储能将不断地被电阻消耗，因而振荡是减幅的，称为阻尼振荡或衰减振荡。如果电阻较大，则储能在初次转移时，它的大部分能量就可能被电阻所消耗，不产生振荡。

因此 $RLC$ 电路的响应有 3 种情况，即欠阻尼、临界阻尼和过阻尼。以 $RLC$ 串联电路为例（见图 1-23）：

设 $\omega_0 = 1/\sqrt{LC}$ 为回路的谐振角频率，$\alpha = R/2L$ 是回路的衰减常数。当阶跃信号 $u_s(t) = U_S$，$(t \geqslant 0)$ 加在 $RLC$ 串联电路输入端，其输出电压波形为 $u_c(t)$，有以下几种表示形式。

（1）$\alpha^2 < \omega_0^2$，即 $R < 2\sqrt{L/C}$，电路处于欠阻尼状态，其响应是振荡性的。其衰减振荡的角频率 $\omega_d = \sqrt{\omega_0^2 - \alpha^2}$。此时有

$$u_c(t) = \left[1 - \frac{\omega_0}{\omega_d} e^{-\alpha t} \cos(\omega_d t - \theta)\right] U_S \qquad (t \geqslant 0)$$

式中，$\theta = \mathrm{arctg}\dfrac{\alpha}{\omega_d}$。

（2）$\alpha^2 = \omega_0^2$，即 $R = 2\sqrt{L/C}$，其电路响应处于临近振荡的状态，称为临界阻尼状态。

$$u_c(t) = [1 - (1 + \alpha t)e^{-\alpha t}] U_S \qquad (t \geqslant 0)$$

（3）$\alpha^2 > \omega_0^2$，即 $R > 2\sqrt{L/C}$，响应为非振荡性的，称为过阻尼状态。

$$u_c(t) = \left[1 - \frac{\omega_0}{\sqrt{\alpha^2 - \omega_0^2}} e^{-\alpha t} \mathrm{sh}(\sqrt{\alpha^2 - \omega_0^2}\, t + x)\right] U_S \qquad (t \geqslant 0)$$

式中，$x = \mathrm{arth}\sqrt{1 - (\omega_0/\alpha)^2}$。

### 2. 矩形脉冲信号通过 $RLC$ 串联电路

由于使用示波器观察周期性信号波形稳定而且易于调节，因此，在实验中常用周期性矩形信号作为输入信号，来观测 $RLC$ 串联电路的瞬态响应。欠阻尼、临界阻尼、过阻尼 3 种情况的响应波形如图 1-21 所示。

### 3. 衰减振荡频率和衰减常数的测量方法

（1）衰减振荡频率 $f_d$ 的测量。由图 1-22 所示的衰减振荡波形可知，若测得第一个峰点出现时间为 $t_1$，第 $n$ 个峰点出现的时间为 $t_n$，则衰减振荡的周期 $T_d = \dfrac{t_n - t_1}{n - 1}$，衰减振荡频率 $f_d = \dfrac{1}{T_d}$。

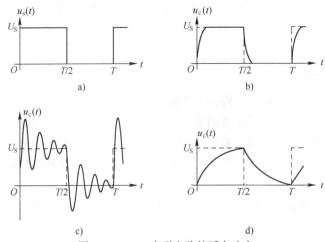

图 1-21　RLC 串联电路的瞬态响应

a) 输入矩形波　b) $u_c(t)$ 临界阻尼波形　c) $u_c(t)$ 欠阻尼波形　d) $u_c(t)$ 过阻尼波形

（2）衰减常数 $\alpha$ 的测量。设第 1 个峰值为 $U_{m1}$，第 $n$ 个峰值为 $U_{mn}$。由于

$$U_{m1} = U_m e^{-\alpha t_1}$$

$$U_{mn} = U_m e^{-\alpha t_n} \qquad\qquad n=1,2,3,4,\cdots$$

所以 $U_{mn}/U_{m1} = e^{-\alpha(t_n-t_1)}$，则衰减常数

$$\alpha = \frac{1}{t_n - t_1}\ln\frac{U_{m1}}{U_{mn}}$$

### 4. 信号通过线性系统的不失真条件

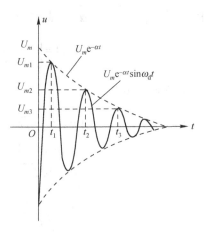

图 1-22　衰减振荡波形图

从一阶电路瞬态特性的实验中可以看出，在矩形脉冲信号激励下，电路系统的响应却并不是矩形脉冲。这就是说信号在传输过程中产生了失真，这也是电路系统传输信号的一般情形。造成失真的因素有两个：一是系统对信号中各频率分量的幅度产生不同程度的衰减，会造成各频率分量的相对幅度发生变化，称为幅度失真；二是系统对各频率分量产生的相移不与频率成正比例，会造成各频率分量的相对位置发生变化而引起的失真，称为相位失真。由于在这些失真的信号中没有产生新的频率分量，所以是一种线性失真。

在电子技术中，除了有时要利用这种失真来获得所需要的波形变换外，（如微分电路和积分电路等），总是希望在传输过程中信号的失真最小。

若电路系统的转移函数为 $H(j\omega) = |H(j\omega)|e^{j\varphi_H(\omega)}$，根据信号通过线性系统的不失真条件，应有

（1）转移函数的模值 $|H(j\omega)|$ 应等于常数 $K$，此时系统的幅度不失真。

（2）转移函数的辐角 $\varphi_H(\omega)$ 应等于 $\omega t_0$，即与频率成正比例，系统的相位不失真。

本次实验中研究的脉冲分压器电路幅度不失真条件可由此推导出。

### 1.4.3　实验任务

#### 1. 观测 *RLC* 串联电路的瞬态响应

将 *RLC* 元件按照图 1-23 接成串联电路，在 1-1′端输入矩形脉冲信号 $u_s(t)$，其脉冲的重复周期为 800μs，脉冲宽度为 400μs，幅度为 3V。观测 2-2′端 $u_c(t)$ 的瞬态波形。

（1）观测电容参数改变对 $u_C(t)$ 振荡波形的影响。当 *RLC* 串联电路中的电感 *L*=22mH，电阻 *R*=100Ω，电容 *C*=0.015μF 和 *C*=2000pF 时，观察示波器上 $u_C(t)$ 振荡波形的变化，将实测的 $T_d$ 和 $f_d$ 值记入表 1-9，将其与理论计算值进行比较，并描绘电容取不同值时 $u_C(t)$ 的振荡波形。

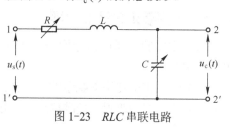

图 1-23　*RLC* 串联电路

表 1-9　*RLC* 串联电路改变电容元件时的测量数据

| | | *L*=22mH, *R*=100Ω | |
|---|---|---|---|
| | | *C*=0.015μF | *C*=2000pF |
| $T_d$ | 理论值 | | |
| | 实测值 | | |
| $f_d$ | 理论值 | | |
| | 实测值 | | |
| $\alpha$ | 理论值 | | |
| | 实测值 | | |

（2）观测电阻参数改变，从振荡到临界、阻尼状态时 $u_c(t)$ 的波形。保持 *L*=22mH，*C*=0.015μF，改变电阻 *R*，由 100Ω 逐步增大，观察 $u_c(t)$ 波形变化的情况。

1）在表 1-10 中记下临界阻尼状态时 *R* 的阻值，并描绘其 $u_c(t)$ 的波形。

2）描绘过阻尼状态下 *R*=4kΩ 时 $u_c(t)$ 的波形。

#### 2. 观测 *RC* 脉冲分压器电路幅度不失真传输的条件

（1）将电阻和电容接成脉冲分压器电路，如图 1-24 所示。

表 1-10　*RLC* 串联电路

| | *R* 临界 |
|---|---|
| 理论值 | |
| 实测值 | |

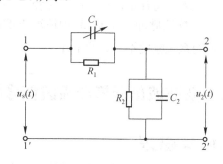

图 1-24　*RC* 脉冲分压器

在 1-1′端输入矩形脉冲信号 $u_s(t)$，其脉冲的重复周期为 800μs，脉冲宽度为 400μs，幅度为 3V。

（2）图中 $R_1$=10kΩ，$C_1$ 为可变电容，先将 $C_1$ 电容置于 2000pF。$R_2$=20kΩ，$C_2$=2000pF。观测 2-2' 端输出的信号波形，并描绘 $u_2(t)$ 波形的曲线。

（3）改变 $C_1$ 电容，分别使 $C_1$=4000pF 和 $C_1$=6000pF，观测并描绘其输出信号 $u_2(t)$ 的波形，由此得出脉冲分压器不失真的传输条件。

### 1.4.4  实验要求及注意事项

（1）本实验的激励信号均为矩形脉冲信号，其重复周期为 800μs，脉冲宽度为 400μs，幅度为 3V。

（2）注意正确使用双踪示波器的控制件。进行周期（频率）测量时，应将 $X$ 轴扫描速率开关中心的微调旋钮置于校准位置。当幅度较小时，可适当调整 $Y$ 轴灵敏度选择开关，使波形在 $Y$ 轴方向扩展。

（3）应尽量将信号发生器、示波器、实验电路的接地端共接在一起。

### 1.4.5  实验器材

| 信号发生器 | 一台 |
| 双踪示波器 | 一台 |
| 综合实验箱 | 一台 |

### 1.4.6  实验预习

（1）预习有关 $RLC$ 串联电路的阶跃响应的理论，认真阅读实验原理部分。

（2）计算 $RLC$ 串联电路中 L=22mH，C=0.015μF 和 C=2000pF 时的衰减振荡周期 $T_d$、频率 $f_d$ 及临界状态时的电阻值。

（3）推导 $RC$ 脉冲分压器电路的不失真条件，并预先画出 $R_1C_1 < R_2C_2$、$R_1C_1 = R_2C_2$ 和 $R_1C_1 > R_2C_2$ 3 种情况下矩形脉冲激励时输出电压 $u_2(t)$ 的波形。

### 1.4.7  实验报告

（1）描绘 $RLC$ 串联电路在振荡、临界、阻尼 3 种状态下的 $u_c(t)$ 波形图，并将各实测数据列写成表，与理论计算值进行比较。

（2）描绘脉冲分压器 3 种情况下的 $u_2(t)$ 输出波形，与输入信号进行比较，验算其结果，说明系统幅度不失真的条件。

## 1.5  正弦波信号与锯齿波信号的频谱

### 1.5.1  实验目的

（1）了解信号频域测量的基本原理，学习使用频域分析的有关仪器。

（2）研究周期正弦波、锯齿波、三角波信号的振幅频谱特性。

（3）掌握时域周期信号频谱的特点。

### 1.5.2 实验原理

#### 1. 信号的频谱

信号的时域特性和频域特性是信号的两种不同的描述方式，它们之间具有对应关系。当波形反映信号幅度随时间变化的特性时，采用信号的时域分析方法；当需要讨论信号的幅度或相位与频率的关系时，则采用信号的频域分析方法。

对于一个周期信号 $f(t)$，只要满足狄利克莱（Dirichlet）条件，就可以将其展开成三角形式或指数形式的傅里叶级数。例如，对于一个周期为 $T$ 的时域周期信号 $f(t)$，可以用三角形式的傅里叶级数求出它的各次分量，在区间 $(t_1, t_1 + T)$ 内表示为

$$f(t) = a_0 + \sum_{n=1}^{\infty} \left[ a_n \cos(n\omega t) + b_n \sin(n\omega t) \right]$$

即将信号分解成直流分量及许多余弦分量和正弦分量，研究其频谱分布情况。

信号的时域特性与频域特性之间有着密切的内在联系，这种联系可以用图 1-25 来表示。其中，图 1-25a 是信号在幅度—时间—频率三维坐标系统中的图形；图 1-25b 是信号在幅度—时间坐标系统中的图形，即波形图；图 1-25c 是信号在幅度—频率坐标系统中的图形，即振幅频谱图。

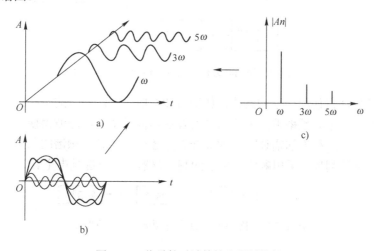

图 1-25　信号的时域特性和频域特性

信号波形和振幅频谱的对应并非是唯一的。具有相同频率和振幅的各频率分量（即振幅频谱是相同的），由于初相不同可以合成不同的波形，如图 1-26 所示，因此，在研究信号的频域特性时，相位对系统的影响是不可忽视的。

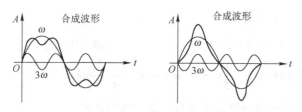

图 1-26　初相不同时，合成的波形不同

### 2. 信号振幅频谱的测量

把周期信号分解得到的各次谐波分量按频率的高低排列，就可以得到频谱图。从频谱图上，可以直观地看出各频率分量所占的比重。反映各频率分量幅度的频谱称为振幅频谱，反映各分量相位的频谱称为相位频谱。本实验主要研究信号的振幅频谱。

周期信号的振幅频谱有 3 个性质：离散性、谐波性和收敛性。测量时可以利用这些性质寻找被测频率点，分析测量结果。

振幅频谱的测量方法有同时分析法和顺序分析法。

（1）同时分析法的基本工作原理是利用多个滤波器，把它们的中心频率分别调到被测信号的各个频率分量上，如图 1-27 所示。当被测信号同时加到所有滤波器上，中心频率与信号所包含的某次谐波分量频率一致的滤波器便有信号输出。这样，在被测信号发生的实际时间内可以同时测得信号所包含的各频率分量。多通道滤波式频谱分析仪采用同时分析法。

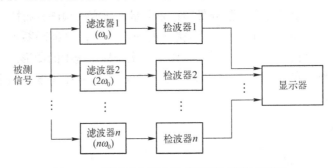

图 1-27　用同时分析法进行频谱分析的原理图

（2）顺序分析法只使用一个滤波器，如图 1-28 所示，滤波器的中心频率是可调的。测量时依次将滤波器的中心频率调到被测信号的各次谐波频率上，滤波器便可依次测出被测信号的各次谐波。由于这种方法需通过多次取样过程才能完成整个频谱的测试，因此，只能用于对周期信号频谱的测量。采用顺序分析法的测量仪器主要有选频电平表。

被测信号 —→ 滤波器 —→ 检波器 —→ 显示器

图 1-28　用顺序分析法进行频谱分析的原理图

### 3. 周期正弦波信号及其频谱

周期正弦波信号表示为

$$f(t) = U_{\mathrm{m}} \sin(\omega t + \varphi)$$

由此可见，周期正弦波信号是只含有单一频率的信号，因此，其振幅频谱为一条竖线。

### 4. 周期锯齿波信号及其频谱

周期锯齿波信号波形如图 1-29 所示。它的傅里叶级数可表示为

$$f(t) = \frac{E}{\pi} \left[ \sin(\omega_1 t) - \frac{1}{2}\sin(2\omega_1 t) + \frac{1}{3}\sin(3\omega_1 t) + \cdots + \frac{(-1)^{n+1}}{n}\sin(n\omega_1 t) + \cdots \right] \quad n=1,2,3,\cdots \quad （1\text{-}5\text{-}1）$$

由式（1-5-1）可知，其振幅频谱包含所有 $n$ 次频率的谐波。

### 5. 周期三角波信号及其频谱

周期三角波信号波形如图 1-30 所示。

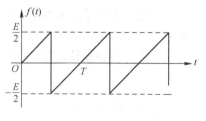

图 1-29 周期锯齿波信号

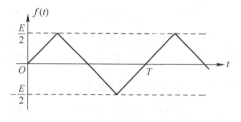

图 1-30 周期三角波信号

它的傅里叶级数可表示为

$$f(t) = \frac{4E}{\pi^2}\left[\cos(\omega_1 t) + \frac{1}{3^2}\cos(3\omega_1 t) + \frac{1}{5^2}\cos(5\omega_1 t) + \cdots + \frac{1}{n^2}\cos(n\omega_1 t) + \cdots\right]$$

$$n = 1, 3, 5, \cdots \tag{1-5-2}$$

由式（1-5-2）可知，其振幅频谱只包含奇次谐波的频率分量。

## 1.5.3 实验任务

### 1. 正弦波信号振幅频谱的测量

（1）按照图 1-31 连接函数信号发生器、选频电平表和双踪示波器，显示出正确的时间信号。

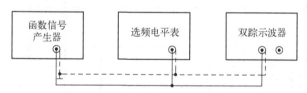

图 1-31 用选频电平表测量信号振幅频谱的实验电路

连接实验电路前，先对选频电平表进行校准。校准完毕，将选频电平表预置在"选频测量""低失真""高阻抗"位置上。

调整函数信号发生器使其输出正弦信号，频率 $f$=10kHz，函数信号发生器的输出电压（$U_{p-p}$）预置在 4V 左右。

从示波器上观察正弦信号的波形，并调节函数信号发生器上正弦信号的幅度输出，使正弦信号在示波器上显示的幅度为 $U_{p-p}$=4V，并记录此时信号发生器上的电压幅度。

（2）用选频电平表进行正弦信号的频谱测量。将选频电平表的频率设定在 $f$=10kHz 缓慢转动微调旋钮使电平表读数指示最大，将读出的电平值记入表 1-11。

表 1-11 正弦信号频谱的测量数据

| | 信号发生器 | 双踪示波器 | 选频电平表 | |
|---|---|---|---|---|
| $f$/kHz | $U_m$/V | $U_{p-p}$/V | $P_U$/dB | 换算电压 $U$/V |
| 10 | | 4 | | |

将所测电平值数据利用公式 $U = 0.775 \times 10^{P_U/20}$ 换算成电压有效值，与信号源输入的电压值进行比较。然后在 1～100kHz 的范围内调整选频电平表的频率，观察是否在其他频率点上存在电压电平。

\*（3）用频谱分析仪观测正弦信号的频谱。将图 1-31 中选频电平表换成频谱分析仪，调整频谱分析仪上有关控制件，使其显示正弦信号的频谱。

将频谱分析仪上观测得到的正弦信号的频谱数据，与选频电平表测量结果进行比较。

### 2. 锯齿波信号振幅频谱的测量

（1）调整并显示正确的时间信号。按照图 1-31 连接实验电路。将函数信号发生器输出波形转换成锯齿波，调整输出频率 $f$=10kHz，函数信号发生器的输出电压（$U_{p\text{-}p}$）预置在 3V 左右。

调整函数信号发生器上有关波形左右对称的控件（如"脉冲宽度""占空比""对称性"等），使示波器上显示的波形如图 1-29 所示。

从示波器上观察锯齿波信号的波形，并调节信号发生器上锯齿波信号的幅度输出，使信号在示波器上显示的幅度为 $U_{p\text{-}p}$=3V。

（2）用选频电平表进行各次谐波的测量。先将选频电平表的频率设定在 $f$=10kHz，缓慢转动微调旋钮使电平表读数指示最大，将读出的电平值记入表 1-12。

然后将选频电平表的频率依序设定在 10kHz 的 $n$ 倍，缓慢转动微调旋钮，使电平表读数显示最大，将读出的电平值记入表 1-12。

表 1-12　锯齿波信号频谱的测量数据

| 选频表频率/kHz | | 1$f$ | 2$f$ | 3$f$ | 4$f$ | 5$f$ | 6$f$ | 7$f$ | 8$f$ | 9$f$ | 10$f$ |
|---|---|---|---|---|---|---|---|---|---|---|---|
| 理论值 | 电压有效值/mV | | | | | | | | | | |
| | 电压电平值/dB | | | | | | | | | | |
| 测量值 | 电压电平值/dB | | | | | | | | | | |
| | 电压有效值/mV | | | | | | | | | | |

（3）绘制信号振幅频谱图。根据公式 $U = 0.775 \times 10^{P_U/20}$，将测出的电压电平值换算成电压有效值，记入表 1-12。根据计算出的信号各分量电压的有效值，绘制出信号幅度频谱图。

\*（4）用频谱分析仪观测锯齿波信号的频谱。将图 1-31 中选频电平表换成频谱分析仪，调整频谱分析仪上有关控制件，使其显示锯齿波信号的频谱。

将频谱分析仪上观测得到的锯齿波信号的频谱数据，与选频电平表测量结果进行比较。

### 3. 三角波信号振幅频谱的测量

（1）调整并显示正确的时间信号。按照图 1-31 连接实验电路。将函数信号发生器输出波形转换成三角波，调整输出频率 $f$=5kHz，信号发生器输出电压（$U_{p\text{-}p}$）预置在 4V 左右。

调整信号发生器上有关波形左右对称的控件（如"脉冲宽度""对称性"等），使示波器上显示的波形如图 1-30 所示。

从示波器上观察三角波信号的波形，并调节信号发生器上三角波信号的幅度输出，使信号在示波器上显示的幅度为 $U_{p\text{-}p}$=4V。

（2）用选频电平表进行各次谐波的测量。先将选频电平表的频率设定在 $f$=5kHz，缓慢转动微调旋钮，使电平表读数显示最大，将读出的电平值记入表 1-13。

表 1-13 三角波信号频谱的测量数据

| 选频表频率/kHz | | 1f | 2f | 3f | 4f | 5f | 6f | 7f | 8f | 9f | 10f |
|---|---|---|---|---|---|---|---|---|---|---|---|
| 理论值 | 电压有效值/mV | | | | | | | | | | |
| | 电压电平值/dB | | | | | | | | | | |
| 测量值 | 电压电平值/dB | | | | | | | | | | |
| | 电压有效值/mV | | | | | | | | | | |

然后将选频电平表的频率依序设定在 5kHz 的 $n$ 倍，缓慢转动微调旋钮，使电平表读数指示最大，将读出的电平值记入表 1-13。

（3）绘制信号振幅频谱图。根据公式 $U = 0.775 \times 10^{P_L/20}$，将测出的电压电平值换算成电压有效值，记入表 1-13 中。根据计算出的信号各分量电压有效值，绘制出三角波信号的幅度频谱图。

*（4）用频谱分析仪观测三角波信号的频谱。将图 1-31 中选频电平表换成频谱分析仪，调整频谱分析仪上有关控制件，使其显示三角波信号的频谱。

将频谱分析仪上观测得到的三角波信号的频谱数据，与选频电平表测量结果进行比较。

### 1.5.4 实验要求及注意事项

（1）本次实验中信号的频率以函数信号发生器为准，信号的电压幅度以示波器的测量值为准。

（2）选频电平表选测信号分量时，必须在被测频率的附近细致调谐，使电压值最大，此时选频表与函数信号发生器的频率读数可能有一定的误差。

（3）测量锯齿波信号时，由于信号时域波形一般误差较大，因而频谱实际测量值与理论值也有一定的误差。

（4）测量三角波信号的频谱时，$n$ 为偶数，其电压理论值为 0，对应的电平值为 $-\infty$。但实际测量值一般达不到理想的情况，会有一微弱电压。

### 1.5.5 实验设备

函数信号发生器　　　　一台
选频电平表　　　　　　一台
双踪示波器　　　　　　一台
*频谱分析仪　　　　　　一台

### 1.5.6 实验预习

（1）认真阅读实验原理部分，复习周期正弦波、三角波、锯齿波信号及其频谱特性的有关理论。

（2）预习信号发生器和选频电平表的使用方法。

（3）根据实验任务，计算表 1-12、表 1-13 中的理论值。

**注意**：用式（1-5-1）和式（1-5-2）计算出的是基波和各次谐波的振幅值，应先换算成电压有效值，再计算电平值。电压电平值的计算公式

$$p_U = 20\lg \left| \frac{U}{U_0} \right| = 20\lg \frac{|U|}{0.775}$$

式中，$U$ 为信号各分量的电压有效值。

### 1.5.7　实验报告

（1）列写实验数据表 1-11，表 1-12，表 1-13。

（2）描绘各被测信号的幅度频谱图。

（3）思考题如下：

1）选频电平表与一般交流电压表在功能上有何不同？

2）用选频电平表测量某一谐波分量时，有哪些基本测量步骤？如何保证测量的精度？

## 1.6　矩形信号的频谱分析

### 1.6.1　实验目的

（1）进一步学习和使用信号频域分析的有关仪器。

（2）研究周期矩形脉冲信号，分析信号的周期、脉冲宽度对频谱特性的影响，加深对周期信号频谱特点的理解。

### 1.6.2　实验原理

一个幅度为 $E$，脉冲宽度为 $\tau$，重复周期为 $T$ 的矩形脉冲信号，如图 1-32 所示。

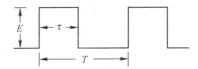

图 1-32　矩形脉冲信号的时域波形

其傅里叶级数为

$$f(t) = \frac{E\tau}{T} + \frac{2E\tau}{T} \sum_{n=1}^{\infty} \mathrm{Sa}\left( \frac{n\pi\tau}{T} \right) \cos(n\omega t) = \frac{E\tau}{T} + \frac{2E\tau}{T} \sum_{n=1}^{\infty} \frac{\sin(n\pi\tau/T)}{n\pi\tau/T} \cos(n\omega t)$$

由此可见，矩形脉冲信号的频谱为离散谱，信号第 $n$ 次谐波的振幅为

$$a_n = \frac{2E\tau}{T} \mathrm{Sa}\left( \frac{n\pi\tau}{T} \right) \qquad\qquad n=1,2,3,\cdots$$

其振幅的大小与 $E$、$\tau$ 成正比，与 $T$ 成反比；矩形脉冲信号的周期 $T$ 决定了频谱中两条谱线的间隔 $f = 1/T$；矩形脉冲信号的脉冲宽度 $\tau$ 与频谱中的频带宽度 $B_f$ 成反比。

图 1-33 给出了两组时间信号，当信号的幅度 $E$、周期 $T$ 相同，脉冲宽度分别为 $\tau = 1/2$ 和 $\tau = 1/4$ 时频谱分布的情况。

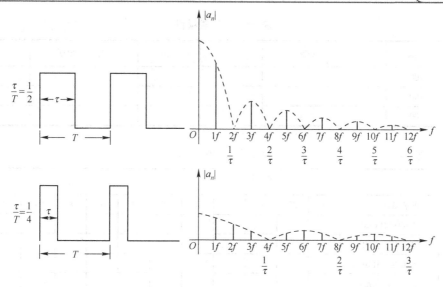

图 1-33 保持 $E$、$T$ 相同，改变 $\tau$

图 1-34 给出了两组时间信号，当信号的幅度 $E$、脉冲宽度 $\tau$ 相同，改变信号的周期 $T$ 时频谱分布的情况。

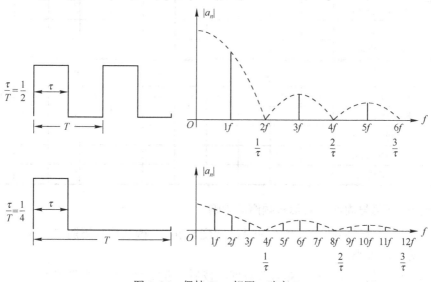

图 1-34 保持 $E$、$\tau$ 相同，改变 $T$

## 1.6.3 实验任务

### 1. 研究改变脉冲宽度 $\tau$ 对信号频谱的影响

保持矩形脉冲信号的脉冲幅度 $E$ 和周期 $T$ 相同，改变信号的脉冲宽度 $\tau$，测量不同 $\tau$ 时信号频谱中各分量的大小。

按表 1-14 中的实验项目计算有关数据，按后续介绍的实验步骤调整各波形，将测得的信号频谱中各分量的数据记入表 1-15。

表 1-14　实验项目

| 项目 | $T/\mu s$ | $f=\dfrac{1}{T}$ /kHz | $\dfrac{\tau}{T}$ | $\tau/\mu s$ | $B_f=\dfrac{1}{\tau}$ /kHz | $E/V$ |
|---|---|---|---|---|---|---|
| 1 | 100 | | 1/2 | | | 1.2 |
| *2 | 100 | | 1/3 | | | 1.2 |
| 3 | 100 | | 1/4 | | | 1.2 |

表 1-15　测试数据

| $f=$ | | $T=$ | | $\dfrac{\tau}{T}=\dfrac{1}{2}$ | | | $\tau=$ | | | $B_f=$ | | |
|---|---|---|---|---|---|---|---|---|---|---|---|---|
| 选频表频率/kHz | | 10 | 20 | 30 | 40 | 50 | 60 | 70 | 80 | 90 | 100 | 110 | 120 |
| 理论值 | 电压有效值/mV | | | | | | | | | | | | |
| | 电压电平值/dB | | | | | | | | | | | | |
| 测量值 | 电压电平值/dB | | | | | | | | | | | | |
| | 电压有效值/mV | | | | | | | | | | | | |

| $f=$ | | $T=$ | | $\dfrac{\tau}{T}=\dfrac{1}{3}$ | | | $\tau=$ | | | $B_f=$ | | |
|---|---|---|---|---|---|---|---|---|---|---|---|---|
| 选频表频率/kHz | | 10 | 20 | 30 | 40 | 50 | 60 | 70 | 80 | 90 | 100 | 110 | 120 |
| 理论值 | 电压有效值/mV | | | | | | | | | | | | |
| | 电压电平值/dB | | | | | | | | | | | | |
| 测量值 | 电压电平值/dB | | | | | | | | | | | | |
| | 电压有效值/mV | | | | | | | | | | | | |

| $f=$ | | $T=$ | | $\dfrac{\tau}{T}=\dfrac{1}{4}$ | | | $\tau=$ | | | $B_f=$ | | |
|---|---|---|---|---|---|---|---|---|---|---|---|---|
| 选频表频率/kHz | | 10 | 20 | 30 | 40 | 50 | 60 | 70 | 80 | 90 | 100 | 110 | 120 |
| 理论值 | 电压有效值/mV | | | | | | | | | | | | |
| | 电压电平值/dB | | | | | | | | | | | | |
| 测量值 | 电压电平值/dB | | | | | | | | | | | | |
| | 电压有效值/mV | | | | | | | | | | | | |

## 2. 研究改变信号周期 $T$ 对信号频谱的影响

保持矩形脉冲信号的脉冲幅度 $E$ 和脉冲宽度 $\tau$ 相同，改变信号周期 $T$，测量不同 $T$ 时信号频谱中各分量的大小。

按表 1-16 中的实验项目计算有关数据，按后续介绍的实验步骤调整各波形，将测得的信号频谱中各分量的数据记入表 1-17。

表 1-16　实验项目

| 项目 | $\tau/\mu s$ | $B_f=\dfrac{1}{\tau}$ /kHz | $\dfrac{\tau}{T}$ | $T/\mu s$ | $f=\dfrac{1}{T}$ /kHz | $E/V$ |
|---|---|---|---|---|---|---|
| 1 | 20 | | 1/2 | | | 1.2 |
| *2 | 20 | | 1/3 | | | 1.2 |
| 3 | 20 | | 1/4 | | | 1.2 |

表 1-17　测试数据

| $\tau =$ | $B_{\mathrm{f}} = \frac{1}{\tau} =$ | | | | $\frac{\tau}{T} = \frac{1}{2}$ | | $T =$ | | $f = \frac{1}{T} =$ | |
|---|---|---|---|---|---|---|---|---|---|---|
| 选频表频率/kHz | | $1f$ | $2f$ | $3f$ | $4f$ | $5f$ | $6f$ | $7f$ | $8f$ | |
| 理论值 | 电压有效值/mV | | | | | | | | | |
| | 电压电平值/dB | | | | | | | | | |
| 测量值 | 电压电平值/dB | | | | | | | | | |
| | 电压有效值/mV | | | | | | | | | |

| $\tau =$ | $B_{\mathrm{f}} = \frac{1}{\tau} =$ | | | | $\frac{\tau}{T} = \frac{1}{3}$ | | $T =$ | | $f = \frac{1}{T} =$ | |
|---|---|---|---|---|---|---|---|---|---|---|
| 选频表频率/kHz | | $1f$ | $2f$ | $3f$ | $4f$ | $5f$ | $6f$ | $7f$ | $8f$ | |
| 理论值 | 电压有效值/mV | | | | | | | | | |
| | 电压电平值/dB | | | | | | | | | |
| 测量值 | 电压电平值/dB | | | | | | | | | |
| | 电压有效值/mV | | | | | | | | | |

| $\tau =$ | $B_{\mathrm{f}} = \frac{1}{\tau} =$ | | | | $\frac{\tau}{T} = \frac{1}{4}$ | | $T =$ | | $f = \frac{1}{T} =$ | |
|---|---|---|---|---|---|---|---|---|---|---|
| 选频表频率/kHz | | $1f$ | $2f$ | $3f$ | $4f$ | $5f$ | $6f$ | $7f$ | $8f$ | |
| 理论值 | 电压有效值/mV | | | | | | | | | |
| | 电压电平值/dB | | | | | | | | | |
| 测量值 | 电压电平值/dB | | | | | | | | | |
| | 电压有效值/mV | | | | | | | | | |

## 1.6.4　实验步骤与要求

### 1. 连接实验电路，初步调整波形

将矩形信号发生器与选频电平表、双踪示波器按图 1-31 连接在一起。

从示波器荧光屏上观测矩形脉冲信号的幅度 $E$、周期 $T$、脉冲宽度 $\tau$，并进行初步调整，使波形符合表 1-14 或表 1-16 实验项目中列出的有关要求。其中，幅度 $E$ 以示波器观测为准；周期 $T$ 以信号源输出频率 $f$ 为准；脉冲宽度 $\tau$ 的数值以示波器上观测的波形为参考，可微调矩形脉冲产生器上的有关波形左右对称的控件（如"对称性"、"脉冲宽度"、"占空比"等）。

**注意：** 此处特别强调脉冲宽度 $\tau$ 在示波器上观测的波形只能做为参考，这是因为示波器的分辨率和操作者的观察角度都会影响脉冲宽度调整的准确程度。而本次实验对脉冲宽度 $\tau$（或 $\tau/T$）要求较高，因而从示波器上观测到的脉冲宽度 $\tau$ 及 $\tau/T$ 值只能做为参考，最终将以选频表上测得的有关数据为准。

### 2. 用选频电平表进一步校正矩形信号的 $\tau/T$ 值

根据理论可知，在矩形脉冲 $n/\tau$ 点处理论上的振幅为 0。把振幅为 0 的频率分量称为 0

分量频率点。这些振幅为 0 的谐波分量，其电平值理论上应为 $-\infty$。

例如，矩形脉冲信号的频率 $f = 1/T = 10\,\text{kHz}$，在矩形脉冲 $\tau/T = 1/2$ 时，$1/\tau$ 点即 20kHz 的频率分量其振幅值理论上应为 0，其电平值理论上应为 $-\infty$。在实际测量中，由于各种因素的影响，0 分量频率点的电平值往往不为 $-\infty$，特别是波形的 $\tau/T$ 值调整得不准确时，其电平值的误差将很大。

为了减小测量误差，可用测量 0 分量频率点电平值的方法来判断其脉冲宽度 $\tau$ 和 $\tau/T$ 值的准确度。通常当 0 分量频率点的电平值小于 $-45\text{dB}$ 时，就认为脉冲宽度 $\tau$ 与周期 $T$ 的比值基本符合要求了。否则应重新细调矩形脉冲产生器上的有关波形左右对称的控件，使之符合要求。

具体调节的步骤如下（以 $\tau/T = 1/2$，$T = 100\mu\text{s}$ 为例）：

（1）在 0 分量频率（如 20kHz）附近细致调节选频表微调旋钮使选频表电平读数为最大，读出电平值。若此时电平值小于 $-45\text{dB}$，则说明 $\tau/T$ 值基本准确，可进行第 3 步；不符合此要求则需要继续调节，进行第（2）步。

（2）缓慢调节矩形脉冲产生器上的"脉冲宽度"或"对称性"旋钮，使 0 分量频率点的电平读数减小，同时要求示波器上的波形 $\tau/T$ 无明显的变化。当 0 分量频率的电平值小于 $-45\text{dB}$ 时，调整完成。

### 3. 依次选测各频率分量

调节选频表的频率设定，依次选测 $f$、$2f$、$3f$……等各频率成分，测量数据记入表 1-15（或表 1-17）。

在选测各频率分量时，要特别注意以下问题：

需在被测频率的附近细致调谐选频表微调旋钮，使电平表的读数最大。此时选频表的频率指示与信号源的频率指示可能有一定的误差。

完成一项测量之后，按表 1-14（或表 1-16）的要求，改变 $\tau$（或 $T$）值的大小，重复第 1～3 步骤。

### 4. 绘制信号振幅频谱图

将所测电平值数据根据公式

$$U = 0.775 \times 10^{\frac{P_U}{20}}$$

换算成电压电平有效值，记入表 1-15（或表 1-17）中。式中，$P_U$ 是选频电平表测量出的电压电平值，单位为 dB（分贝）；$U$ 为相应的电压有效值，单位为 V（伏特）。

根据计算出的信号各分量电压有效值，绘制出信号幅度频谱图。

### *5. 用频谱分析仪观测矩形脉冲信号的频谱

将图 1-31 中选频电平表换成频谱分析仪，调整频谱分析仪上有关控制件，使其显示矩形脉冲信号的频谱。

将频谱分析仪上观测到的矩形脉冲信号的频谱数据，与选频电平表的测量结果进行比较。

## 1.6.5 **实验设备**

| | |
|---|---|
| 矩形信号发生器 | 一台 |
| 选频电平表 | 一台 |
| 双踪示波器 | 一台 |
| *频谱分析仪 | 一台 |

## 1.6.6 **实验预习及思考题**

（1）预习选频电平表的使用方法。

（2）复习信号频谱分析的有关理论。

1）当周期性矩形信号的脉冲幅度 $E$ 和周期 $T$ 保持不变，改变脉宽 $\tau$ 时，对其振幅频谱有何影响。

2）当周期性矩形信号的脉冲幅度 $E$ 和脉宽 $\tau$ 保持不变，改变周期 $T$ 时，对其振幅频谱有何影响。

（3）定性地预先画出当 $E=1.2\,\mathrm{V}$，$T=100\mu s$ 时，$\tau/T$ 分别为 1/2、1/3 和 1/4 时的振幅频谱。

（4）定性地预先画出当 $E=1.2\,\mathrm{V}$，$\tau=20\mu s$ 时，$\tau/T$ 分别为 1/2、1/3 和 1/4 时的振幅频谱。

（5）根据矩形脉冲信号第 $n$ 次谐波的振幅计算公式

$$a_n = \frac{2E\tau}{T}\mathrm{Sa}\left(\frac{n\pi\tau}{T}\right) \qquad\qquad n=1,2,3,\cdots$$

电压电平值的计算公式

$$p_U = 20\lg\left|\frac{U}{U_0}\right| = 20\lg\frac{|U|}{0.775}$$

式中，$U$ 为信号各分量的电压有效值，计算以下两个问题。

1）当 $E=1.2\,\mathrm{V}$，$\tau/T=1/2$ 时各分量的振幅值，并换算成电压有效值及电压电平值，填入表 1-15 或表 1-17 中理论值一栏。

2）当 $E=1.2\,\mathrm{V}$，$\tau/T=1/4$ 时各分量的振幅值，并换算成电压有效值及电压电平值，填入表 1-15 或表 1-17 中理论值一栏。

## 1.6.7 **实验报告**

（1）按照表 1-15 和表 1-17 的格式列写理论值及测量数据。

（2）绘制不同 $\tau/T$ 值时信号幅度频谱图。

（3）思考题如下：

1）当矩形脉冲信号的幅度 $E$ 和周期 $T$ 保持相同，改变脉宽 $\tau$ 时，信号频谱有何特点和规律性?

2）当矩形脉冲信号的幅度 $E$ 和脉宽 $\tau$ 保持相同，改变周期 $T$ 时，信号频谱有何特点和规律性?

3）信号的时域特性和频域特性有着一系列对应关系，通过以上矩形信号的频谱分析能说明哪些关系?

## 1.7 连续时间系统的模拟

### 1.7.1 实验目的

（1）掌握运算放大器的基本特性及使用方法。

（2）观测基本运算单元的输入与响应，了解基本运算单元的电路结构及运算功能。

（3）初步学会使用基本运算单元进行连续时间系统的模拟。

### 1.7.2 实验原理

#### 1. 运算放大器的基本特性

运算放大器是一种有源多端元件，图 1-35a 给出了它的电路符号，图 1-35b 是它的理想电路模型。它有两个输入端和一个输出端，"+"端称为同相输入端，信号从同相输入端输入时，输出信号与输入信号相位相同；"−"端称为反相输入端，信号从反相输入端输入时，输出信号与输入信号相位相反，运算放大器的输出端电压

$$u_0 = A_0(u_{\mathrm{p}} - u_{\mathrm{n}})$$

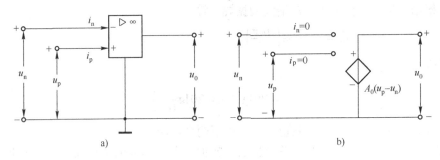

图 1-35　运算放大器的基本特性

式中，$A_0$ 是运算放大器的开环放大倍数。开环是指运算放大器的输出端没有能量回授给输入端的工作状态，通常运算放大器的开环电压放大倍数是很大的，约为 $10^4 \sim 10^6$。为了提高运算放大器的工作稳定性以便完成各种功能，往往将运算放大器输出端电压的一部分(或全部)反馈到输入回路中，这种状态称为闭环工作状态。

在理想情况下，$A_0$ 和输入电阻 $R_{\mathrm{in}}$ 为无穷大，因此有

$$u_{\mathrm{p}} = u_{\mathrm{n}} \qquad i_{\mathrm{p}} = \frac{u_{\mathrm{p}}}{R_{\mathrm{in}}} = 0$$

$$i_{\mathrm{n}} = \frac{u_{\mathrm{p}}}{R_{\mathrm{in}}} = 0$$

这表明运算放大器的"+"端与"−"端等电位，通常称为"虚短路"，运算放大器的输入端电流等于零。此外，理想运算放大器的输出电阻为零。这些重要性质是分析含有运算放大器网络的依据之一。

除了两个输入端和一个输出端以外，运算放大器还有一个输入和输出信号的参考地线端，以及相对地端的电源正端和电源负端。运算放大器的工作特性是在接有正、负电源（工作电源）的情况下才具有的。

图 1-36 是 LM324 集成块的内部电路与外部引脚示意图，其中包含 4 个独立的运算放大器。$+U_{CC}$ 和 $-U_{EE}$ 引线分别连接一对大小相等、符号相反的电源电压，如 ± 5V、± 8V、± 12V 等。

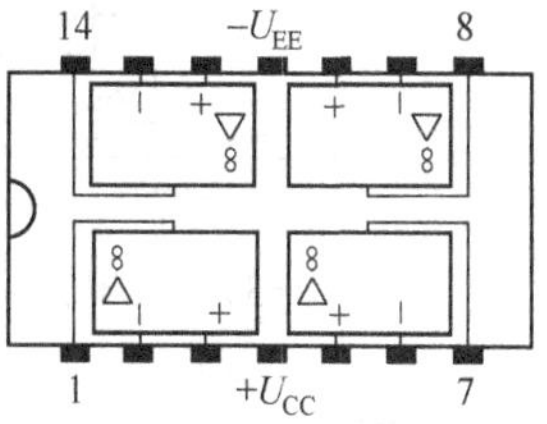

**2. 基本运算单元的电路结构原理**

图 1-36　LM324 内部电路与外引脚示意图

常用的基本运算单元主要有同相比例放大器、反相比例放大器、加法器、积分器等。

（1）同相比例放大器。同相比例放大器是电压控制电压源（VCVS），其电路如图 1-37 所示，用运算放大器的特性分析该电路可知

$$u_0 = \left(1 + \frac{R_2}{R_1}\right)u_1 = Ku_1$$

当 $R_2 = 0$，$R_1 = \infty$ 时，$K=1$，$K$ 为电压放大倍数，该电路即为电压跟随器。

（2）反相比例放大器。反相比例放大器也称反相标量乘法器，电路如图 1-38 所示，用运算放大器的特性分析该电路可知

$$u_0 = -\frac{R_2}{R_1}u_1$$

此式表明，当输入端加一电压信号波形时，输出端将得到一个相位相反、幅值与 $R_2/R_1$ 成正比的电压波形。$R_P$ 是输入平衡电阻。

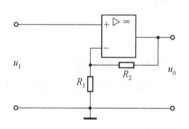

图 1-37　同相比例放大器

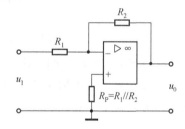

图 1-38　反相比例放大器

（3）反相加法器。反相加法器的电路如图 1-39 所示，用运算放大器的特性分析电路可知总的输出电压为

$$u_0 = -\left(\frac{R_3}{R_1}u_1 + \frac{R_3}{R_2}u_2\right)$$

式中，$R_P = R_1 // R_2 // R_3$。当 $R_1 = R_2 = R_3$ 时，$u_0 = -(u_1 + u_2)$。该式表明，输出电压信号是几个输入电压信号之和的负数。

（4）积分器。积分器的电路如图 1-40 所示，用运算放大器的特性分析该电路可知

$$u_0 = -\frac{1}{RC}\int u_1 \mathrm{d}t$$

其输出电压信号是输入电压信号的积分波形。

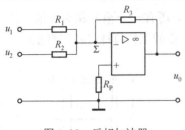

图 1-39　反相加法器

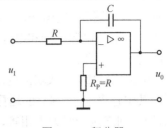

图 1-40　积分器

（5）全加积分器。全加积分器的电路如图 1-41 所示，由图可知，全加积分器是一加法器和积分器的组合电路。用运算放大器的特性分析该电路可知

$$u_0 = -\int \left( \frac{u_1}{R_1 C} + \frac{u_2}{R_2 C} \right) \mathrm{d}t$$

其输出电压信号是几个输入电压信号之和的积分波形。

### 3．用基本运算单元模拟连续时间系统

使用基本运算单元可以对连续时间系统进行模拟，主要有以下几个步骤：

（1）列写电路的方程。如图 1-42a 所示的 $RC$ 一阶电路，其微分方程为

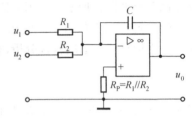

图 1-41　全加积分器

$$\frac{\mathrm{d}y(t)}{\mathrm{d}t} + \frac{1}{RC} y(t) = \frac{1}{RC} x(t)$$

写成算子方程形式有

$$py(t) + \frac{1}{RC} y(t) = \frac{1}{RC} x(t)$$

整理得
$$y(t) = \frac{1}{p} \frac{1}{RC} [x(t) - y(t)] \tag{1-7-1}$$

（2）根据算子方程画出框图。式（1-7-1）对应的框图如 1-42b 所示。

（3）用基本运算单元模拟系统。用反相标量乘法器、加法器和积分器模拟式（1-7-1）表示的系统，可得到图 1-42c。

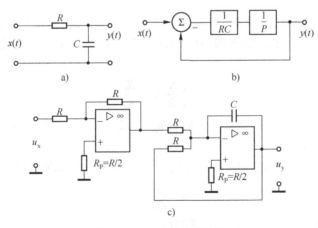

图 1-42　一阶系统的模拟

### 1.7.3 实验任务

**1. 观测基本运算电路的输入、输出波形，理解其工作原理**

（1）观测同相比例放大器。已知图 1-37 中 $R_1 = R_2 = 10\text{k}\Omega$，输入端加入频率为 1kHz，幅度为 1V 的方波信号，观测并描绘输出端电压信号的波形。

（2）观测反相比例放大器。已知图 1-38 中 $R_1 = R_2 = 10\text{k}\Omega$，$R_P = R_1 /\!/ R_2 = 5\text{k}\Omega$，输入端加入一频率为 1kHz，幅度为 1V 的方波信号，观测并描绘输出端电压信号的波形。

（3）观测积分器。已知图 1-40 中 $R = 10\text{k}\Omega$，$C = 0.1\mu\text{F}$ 输入端仍加入一频率为 1kHz，幅度为 1V 的方波信号，观测并描绘输出端电压信号的波形。

\*（4）观测加法器。已知图 1-39 中 $R_1 = R_2 = R_3 = 10\text{k}\Omega$，$R_P = R_1 /\!/ R_2 /\!/ R_3 = 3.3\text{k}\Omega$，$u_1$ 输入端加入一频率为 1kHz，幅度为 3V 的方波信号，$u_2$ 输入端加入一频率为 4kHz，幅度为 2V 的正弦信号，观测并描绘输出端电压信号的波形。

**2. 模拟一阶电路，并观测电路的阶跃响应**

（1）已知图 1-42a 中 $R = 1\text{k}\Omega$，$C = 0.1\mu\text{F}$。在电路输入端加入一频率为 1kHz，幅度为 3V 的方波信号，用示波器观测并描绘其输出电压波形。

理论值 $\tau = RC = $ _____ s，实测值 $\tau = $ _____ s。

（2）已知图 1-42c 中 $R = 10\,\text{k}\Omega$，$C = 0.01\,\mu\text{F}$，$R_p = 5\,\text{k}\Omega$。在电路输入端仍加入频率为 1kHz，幅度为 3V 的方波信号，用示波器观测并描绘其输出电压波形，与原一阶电路的输出波形进行比较。

理论值 $\tau = RC = $ _____ s，实测值 $\tau = $ _____ s。

**3. 设计一个二阶电路模拟系统**

试自行设计一个二阶实验电路，列写出其微分方程及算子方程，用基本运算单元搭建模拟系统，对原实验电路和模拟系统进行测试。

### 1.7.4 实验要求及注意事项

（1）本实验运算放大器均使用 LM324，其直流工作电源电压为对称的 ±8V。注意极性不要接反，否则将损坏器件。

（2）观测加法器实验为选做实验，需要两个信号源，一个提供正弦波，另一个提供方波。

### 1.7.5 实验器材

信号发生器　　　　\*两台
毫伏表　　　　　　一台
双踪示波器　　　　一台
双路稳压电源　　　一台
综合实验箱　　　　一台

### 1.7.6 实验预习

（1）认真阅读实验原理，熟悉运算放大器和基本运算单元，并推导其运算公式。

（2）推导图 1-42a 所示的微分方程，计算"1.7.3 实验任务 2"中的理论值，预先画出电路的响应波形。

（3）对实验任务 3"设计一个二阶电路模拟系统"，按要求进行理论准备、设计以及计算。

### 1.7.7  实验报告

（1）描绘各基本运算单元输入和输出信号波形曲线。

（2）描绘一阶 RC 电路和模拟电路的输出波形曲线，并进行比较。

（3）列出设计的实验电路与模拟系统方案，推导微分方程及算子方程，列写测试方案与测试数据。

# 1.8  RC 有源滤波器

## 1.8.1  实验目的

（1）分析和比较无源 RC 滤波器和有源 RC 滤波器幅频特性的特点。

（2）掌握滤波网络频率响应特性的测量方法。

## 1.8.2  实验原理

### 1. RC 滤波器的基本特性

滤波器的功能是让指定频率范围内的信号通过，而将其他频率的信号加以抑制或使之急剧衰减。传统的滤波器是用电阻、电容和电感元件来构成的。

RC 滤波器由于不用电感元件，因而不需要磁屏蔽，避免了电感元件的非线性影响。特别是在低频频段，RC 滤波器比含电感的滤波器体积要小得多。

RC 有源滤波器与无源滤波器相比，前者输入阻抗大，输出阻抗小，能在负载和信号之间起隔离作用，同时滤波特性也比后者好。

滤波器按其作用可分为低通、高通、带通和带阻几种类型，如图 1-43 所示，这里着重分析低通滤波器的特性。

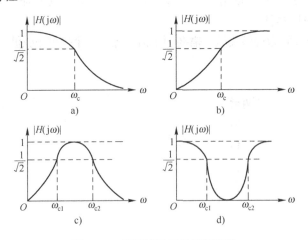

图 1-43  模拟滤波器的幅频特性

二阶低通滤波器的传递函数一般表示式为

$$H(s) = \frac{U_o(s)}{U_i(s)} = \frac{k\omega_0^2}{s^2 + \omega_0 s/Q + \omega_0^2} \tag{1-8-1}$$

式中，$U_o(s)$ 为输出；$U_i(s)$ 为输入；$\omega_0$ 称为固有振荡角频率；$Q$ 称为滤波器的品质因数；$k$ 是 $\omega=0$ 时的幅度响应系数。

为了分析幅频特性和相频特性，将式（1-8-1）中 $s$ 换成 $j\omega$，得

$$H(j\omega) = \frac{k}{\left(1 - \dfrac{\omega^2}{\omega_0^2}\right) + j\dfrac{\omega}{\omega_0 Q}}$$

其模值

$$|H(j\omega)| = \frac{k}{\sqrt{\left(1 - \dfrac{\omega^2}{\omega_0^2}\right)^2 + \left(\dfrac{\omega}{\omega_0 Q}\right)^2}}$$

幅角

$$\varphi(\omega) = -\arctan\left[\frac{\omega}{\omega_0 Q}\bigg/\left(1 - \frac{\omega^2}{\omega_0^2}\right)\right]$$

式中，当 $Q > 1/\sqrt{2}$ 时，曲线将出现峰值；$Q = 1/\sqrt{2}$ 时，特性在低频段时比较平坦，其截止频率 $\omega_c$ 通常被定义为 $H(\omega)$ 从起始值 $H(0)=k$ 下降到 $k/\sqrt{2}$ 时的频率，此时有 $\omega_0=\omega_c$，即 $Q = 1/\sqrt{2}$ 时的截止频率 $\omega_c$ 就是固有振荡频率 $\omega_0$。

### 2. 无源二阶 RC 低通滤波器

如图 1-44 所示为无源二阶 RC 低通滤波器，其电压传输函数为

$$H(s) = \frac{U_0(s)}{U_i(s)} = \frac{1/R^2 C_1 C_2}{s^2 + (C_1 + 2C_2)s/RC_1 C_2 + 1/R^2 C_1 C_2}$$

与式（1-8-1）比较得

$$k = 1, \quad \omega_0 = 1/(R\sqrt{C_1 C_2}), \quad Q = M/(M^2 + 2)$$

式中，$M = \sqrt{C_1/C_2}$，即 $C_1 = M^2 C_2$。令 $\mathrm{d}Q/\mathrm{d}M = 0$，得 $M^2 = 2$，即 $C_1 = 2C_2$ 时 $Q$ 值最大，此时的 $Q$ 值等于 $\dfrac{1}{2\sqrt{2}}$，可见二阶无源 RC 低通滤波器的 $Q$ 值是很低的。其特性曲线在低频段下降很快，如图 1-45 中虚线所示。

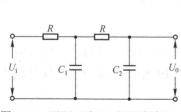

图 1-44    无源二阶 RC 低通滤波器

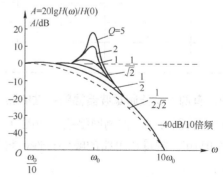

图 1-45    低通滤波器幅频特性

### 3. 有源二阶 $RC$ 低通滤波器

如图 1-46 所示为有源二阶 $RC$ 低通滤波器，其电压传输函数为

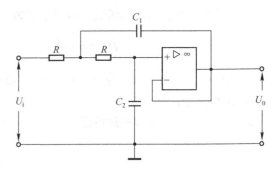

$$H(s) = \frac{U_0(s)}{U_i(s)} = \frac{1/R^2 C_1 C_2}{s^2 + 2s/RC_1 + 1/R^2 C_1 C_2}$$

与式（1-8-1）比较得

$$k = 1, \quad \omega_0 = 1/(R\sqrt{C_1 C_2}), \quad Q = \sqrt{C_1/C_2}/2$$

可见通过改变 $C_1/C_2$ 的值可调节 $Q$ 值。然后在保持 $Q$ 值不变（$C_1$、$C_2$ 值不变）的情况下，可调节 $R$ 值来改变 $\omega_0$ 和 $\omega_c$ 的值。

图 1-46　有源二阶 $RC$ 低通滤波器

## 1.8.3　实验任务

### 1. 无源 $RC$ 低通滤波器幅频特性的测试

（1）将图 1-44 被测网络接入图 1-47 所示的电路中，其中 $R = 20\text{k}\Omega$，$C_1 = 0.02\mu\text{F}$，$C_2 = 0.01\mu\text{F}$。输入电压 $U_i$=3V，并注意保持电压值不变，输出端接毫伏表或示波器测量 $U_o$。

（2）逐点测量电路的幅频特性，注意测出电路实际的截止频率 $f_C$，将数据记录在表 1-18 中。

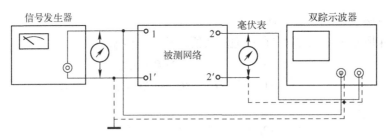

图 1-47　网络频响特性的测试电路

表 1-18　无源 $RC$ 低通滤波器幅频特性测试数据

| $f/\text{kHz}$ | | | | | | | | |
|---|---|---|---|---|---|---|---|---|
| $U_i/\text{V}$ | | | | | | | | |
| $U_o/\text{V}$ | | | | | | | | |
| $\dfrac{U_o}{U_i}$ | | | | | | | | |

### 2. 有源 $RC$ 低通滤波器幅频特性的测试

（1）将图 1-46 被测网络接入如图 1-47 所示的电路中，取 $R = 20\,\text{k}\Omega$，$C_1 = 0.02\,\mu\text{F}$，$C_2 = 0.01\,\mu\text{F}$。测量该电路的幅频特性，将数据填入表 1-19 中。测量时注意保持输入电压 $U_i$=3V。

表 1-19　有源 RC 低通滤波器幅频特性测试数据

| | | | | | | | | | | |
|---|---|---|---|---|---|---|---|---|---|---|
| $R = 20\text{k}\Omega$　　$C_1 = 0.02\mu\text{F}$　　$C_2 = 0.01\mu\text{F}$　　$\omega_0 =$　　　$f_0 =$ | | | | | | | | | | |
| $f/\text{kHz}$ | | | | | | | | | | |
| $U_i/\text{V}$ | | | | | | | | | | |
| $U_o/\text{V}$ | | | | | | | | | | |
| $\dfrac{U_o}{U_i}$ | | | | | | | | | | |
| $R = 15\text{k}\Omega$　　$C_1 = 0.02\mu\text{F}$　　$C_2 = 0.01\mu\text{F}$　　$\omega_0 =$　　　$f_0 =$ | | | | | | | | | | |
| $f/\text{kHz}$ | | | | | | | | | | |
| $U_i/\text{V}$ | | | | | | | | | | |
| $U_o/\text{V}$ | | | | | | | | | | |
| $\dfrac{U_o}{U_i}$ | | | | | | | | | | |
| $R = 20\text{k}\Omega$　　$C_1 = 0.047\mu\text{F}$　　$C_2 = 0.01\mu\text{F}$　　$\omega_0 =$　　　$f_0 =$ | | | | | | | | | | |
| $f/\text{kHz}$ | | | | | | | | | | |
| $U_i/\text{V}$ | | | | | | | | | | |
| $U_o/\text{V}$ | | | | | | | | | | |
| $\dfrac{U_o}{U_i}$ | | | | | | | | | | |

（2）保持 $C$ 的数值不变，改变 $R$ 为 15kΩ，重复上述测量过程（将测量数据填入表 1-19 中），观察曲线有何变化。

（3）保持 $R$ 的数值不变（$R = 20\text{k}\Omega$），改变 $C$（$C_1 = 0.047\,\mu\text{F}$，$C_2 = 0.01\,\mu\text{F}$），重复上述测量过程（将测量数据填入表 1-19 中），观察曲线有何变化。

### 3. RC 有源高通滤波器幅频特性的测试

将图 1-48 被测网络接入如图 1-47 所示的电路中，取 $R = 20\,\text{k}\Omega$，$C_1 = C_2 = 0.01\,\mu\text{F}$。测量该电路的幅频特性，将数据填入表 1-20 中。测量时注意保持输入电压 $U_i=3\text{V}$。

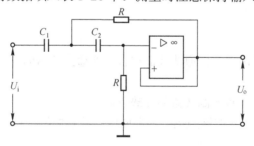

图 1-48　RC 二阶有源高通滤波器

表 1-20　RC 有源高通滤波器幅频特性测试数据

| | | | | | | | | | | |
|---|---|---|---|---|---|---|---|---|---|---|
| $R = 20\text{k}\Omega$　　$C_1 = C_2 = 0.01\mu\text{F}$　　$\omega_0 =$　　　$f_0 =$ | | | | | | | | | | |
| $f/\text{kHz}$ | | | | | | | | | | |
| $U_i/\text{V}$ | | | | | | | | | | |
| $U_o/\text{V}$ | | | | | | | | | | |
| $\dfrac{U_o}{U_i}$ | | | | | | | | | | |

### 1.8.4　实验要求及注意事项

（1）本实验各幅频特性的频率测量范围为 50Hz～2kHz。测量时应注意正确选择频率点，测量点的个数不得少于 10 个，其中截止频率点 $f_C$ 应测量。

（2）在有源滤波器的测试中，运算放大器均使用 LM324，其工作电源电压为±5V。注意极性不要接反，否则将损坏器件。

### 1.8.5　实验器材

| | |
|---|---|
| 低频信号发生器 | 一台 |
| 毫伏表 | 一台 |
| 双踪示波器 | 一台 |
| 双路稳压电源 | 一台 |
| 综合实验箱 | 一台 |

### 1.8.6　实验预习

（1）复习有关有源滤波器和运算放大器方面的理论知识。

（2）计算当 $RC$ 低通滤波器的电阻和电容分别为以下各值时，其电路的截止频率各为多少？

1）$R = 20\text{k}\Omega$，$C_1 = 0.02\mu\text{F}$，$C_2 = 0.01\mu\text{F}$。

2）$R = 15\text{k}\Omega$，$C_1 = 0.02\mu\text{F}$，$C_2 = 0.01\mu\text{F}$。

3）$R = 20\text{k}\Omega$，$C_1 = 0.047\mu\text{F}$，$C_2 = 0.01\mu\text{F}$。

（3）计算当 $RC$ 高通滤波器的 $R = 20\text{k}\Omega$，$C_1 = C_2 = 0.01\mu\text{F}$ 时，其电路的截止频率为多少？

### 1.8.7　实验报告

（1）列写测量数据表。

（2）在同一坐标上画出无源低通滤波器和有源低通滤波器的 4 条曲线，并对各曲线进行分析比较。

（3）讨论无源滤波器和有源滤波器的优缺点。

（4）做出 $RC$ 有源高通滤波器的幅频特性曲线，并对曲线特点进行分析。

## 1.9　二阶有源网络的传输特性

### 1.9.1　实验目的

（1）了解二阶有源滤波网络的结构组成及电路的传输特性。

（2）观察 $RC$ 桥 T 形网络和逆系统的频响特性，了解利用反馈构成逆系统的方法。

（3）了解负阻抗在串联振荡电路中的应用。

## 1.9.2 实验原理

### 1. 二阶有源带通滤波网络

一个二阶有源带通滤波网络如图 1-49 所示，其系统转移函数为

$$H(s) = \frac{U_o(s)}{U_i(s)} = \frac{k}{R_1 C_1} \frac{s}{\left(s + \frac{1}{R_1 C_1}\right)\left(s + \frac{1}{R_2 C_2}\right)}$$

当 $R_1 C_1 \ll R_2 C_2$ 时，则该滤波器幅频特性曲线如图 1-50 所示。其中

$$f_{P1} \approx \frac{1}{2\pi R_1 C_1}, \qquad f_{P2} \approx \frac{1}{2\pi R_2 C_2}$$

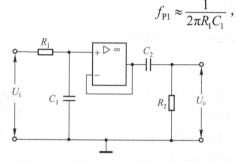

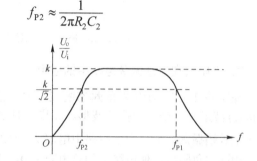

图 1-49　有源二阶 $RC$ 带通滤波器　　　　图 1-50　带通滤波器的幅频特性

即在低频端，主要由 $R_2 C_2$ 的高通特性起作用；在高频端，则由 $R_1 C_1$ 的低通特性起作用；在中频段，$C_1$ 相当于开路，$C_2$ 相当于短路，它们都不起作用，输入信号 $U_i$ 经运算放大器放大后送往输出端，由此形成其带通滤波特性。

### 2. 带阻滤波电路和它的逆系统

$RC$ 桥 T 形网络是一个带阻滤波网络，如图 1-51a 所示，其电压传输函数为

$$H(s) = \frac{U_2(s)}{U_1(s)} = \frac{(RCs)^2 + \frac{2}{a} RCs + 1}{(RCs)^2 + \left(\frac{2}{a} + a\right) RCs + 1}$$

利用反馈系统，可以得到它的逆系统如图 1-51b 所示。当运算放大器的增益 $K$ 足够大时，反馈系统的电压传输函数为

$$H_i(s) = \frac{U_4(s)}{U_3(s)} \approx \frac{1}{H(s)} = \frac{(RCs)^2 + \left(\frac{2}{a} + a\right) RCs + 1}{(RCs)^2 + \frac{2}{a} RCs + 1}$$

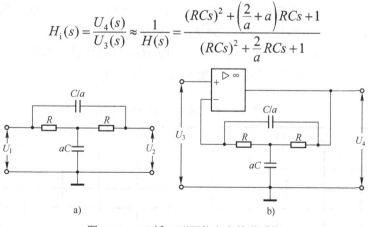

a)　　　　　　　　　　b)

图 1-51　$RC$ 桥 T 形网络和它的逆系统

它们的幅频特性如图 1-52a、b 所示，其中 $f_0 = \dfrac{1}{2\pi RC}$。

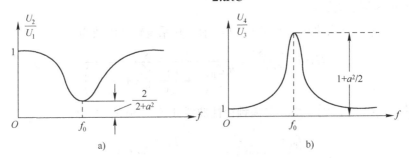

图 1-52   *RC* 桥 T 形带阻滤波器和它的逆系统的幅频特性

### 3. 负阻抗在串联振荡电路中的应用

在实验 1.4 "二阶电路的瞬态响应"中，已知 *RLC* 串联电路在欠阻尼状态时，其输出电压 $u_C(t)$ 波形是一个衰减振荡波形。如果此时电路中电阻 $R=0$，则输出电压 $u_C(t)$ 的波形应当是一个等幅振荡波形。由于电路中电感 $L$ 一般存在着较大的损耗电阻，因此，必须在电路中加上相同的负阻抗，使电路中的总电阻为 0。实际电路如图 1-53 所示。

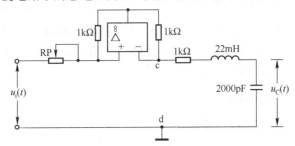

图 1-53   负阻抗在 *RLC* 串联振荡电路中的应用

## 1.9.3  **实验任务**

### 1. 测量一个有源带通滤波器的幅频特性

已知图 1-49 中 $R_1 = 2\text{k}\Omega$，$C_1 = 0.01\mu\text{F}$，$R_2 = 20\text{k}\Omega$，$C_2 = 0.02\mu\text{F}$。将被测电路连接好，再按图 1-47 将被测电路与信号源、测量用表相连接。

测量幅频特性曲线时，频率范围为 100Hz～10kHz，注意保持输入信号的电压 $U_i = 3\,\text{V}$。将测得数据记入表 1-21，并描绘带通滤波器的幅频特性曲线。

表 1-21   有源带通滤波器测试数据

| | 理论值  $f_{p1} =$ ___ Hz   $f_{p2} =$ ___ Hz | | | 实测值  $f'_{p1} =$ ___ Hz   $f'_{p2} =$ ___ Hz | | | | |
|---|---|---|---|---|---|---|---|---|
| $f/\text{kHz}$ | 0.1 | | $f'_{p2}$ | | | | $f'_{p1}$ | 10 |
| $U_i /\text{V}$ | | | | | | | | |
| $U_o /\text{V}$ | | | | | | | | |
| $\dfrac{U_o}{U_i}$ | | | | | | | | |

**2. 测量 RC 桥 T 形带阻滤波器和它的逆系统的幅频特性**

已知图 1-51a、b 中 $R = 20\text{k}\Omega$，$C = 1000\text{pF}$，$a = 2$。连接被测电路，再按照图 1-47 将被测电路与信号源、测量用表相连接。

测量幅频特性时，频率变化范围为 1～40kHz。注意保持输入信号的电压为 3V，测量输出电压的大小，其数据记入表 1-22，并描绘滤波器的幅频特性曲线。

表 1-22 *RC* 桥 T 形带阻滤波器和逆系统测试数据

| | | 理论值 $f_0 = \dfrac{1}{2\pi RC} = $ _____ Hz | | | | 实测值 $f_0' = $ _____ Hz | | | | | |
|---|---|---|---|---|---|---|---|---|---|---|---|
| 原电路 | $f/\text{kHz}$ | 1 | | | | $f_0'$ | | | | | 40 |
| | $U_1/\text{V}$ | | | | | | | | | | |
| | $U_2/\text{V}$ | | | | | | | | | | |
| | $\dfrac{U_2}{U_1}$ | | 0.7 | | | | | | 0.7 | | |
| 逆系统 | $f/\text{kHz}$ | 1 | | | | $f_0$ | | | | | 40 |
| | $U_3/\text{V}$ | | | | | | | | | | |
| | $U_4/\text{V}$ | | | | | | | | | | |
| | $\dfrac{U_4}{U_3}$ | | 0.7 | | | | | | 0.7 | | |

**3. 负阻抗在串联振荡电路中的应用**

按图 1-53 连接电路，从图中可见，从 c、d 向右的电路是实验 1.4 中原有的串联振荡电路。现在输入端加入一方波信号，在 $C = 2000\text{pF}$ 上连接示波器，调节电位器 RP 的阻值，观察其输出波形 $u_C(t)$ 的变化。

## 1.9.4 实验要求及注意事项

（1）由于信号源一般不是恒压源，在测量频率特性时，每改变一次频率，都需注意保持输入电压的大小不变。

（2）测量各幅频特性曲线时，变化率大的频率段，测量点应选得密一些；变化率小的频率段，测量点可以选得疏一些。在特殊频率点附近应细致地寻找幅度符合要求的测量点，如最小点、最大点、截止频率点。

（3）实验中使用的运算放大集成电路采用 LM324。连接电路时，注意正确连接各引脚及电源的正负极性，LM324 工作电源为 $\pm 8\text{V}$。

## 1.9.5 实验仪器

| 信号发生器 | 一台 |
|---|---|
| 双踪示波器 | 一台 |
| 交流毫伏表 | 一台 |
| 双路稳压电源 | 一台 |
| 综合实验箱 | 一台 |

## 1.9.6 实验预习

（1）认真阅读实验目的和实验原理部分，了解本次实验的主要内容，复习相关理论知识。

（2）根据实验任务中第 1、2 项给定的有关数据，计算 $f_{p1}$、$f_{p2}$ 以及 $f_0$ 的理论值，将数据填入表 1-21 和表 1-22 中。

### 1.9.7  实验报告

（1）列写各项实验任务数据表格，描绘幅频特性曲线，并分析实验结果。

（2）思考题：如何测量幅频特性曲线中的最大点和最小点？测量中需注意哪些问题？

## 1.10   抽样定理与信号恢复

### 1.10.1   实验目的

（1）观察离散信号频谱，了解频谱特点。

（2）验证抽样定理并恢复原信号。

### 1.10.2   实验原理

#### 1. 离散信号

离散信号不仅可从离散信号源获得，而且也可从连续信号抽样获得。抽样信号 $F_s(t)=F(t)S(t)$，其中 $F(t)$ 为连续信号（例如三角波），$S(t)$ 是周期为 $T_s$ 的矩形窄脉冲。$T_s$ 又称抽样间隔，$F_s=\dfrac{1}{T_s}$ 称抽样频率，$F_s(t)$ 为抽样信号波形。$F(t)$、$S(t)$、$F_s(t)$ 波形如图 1-54 所示。

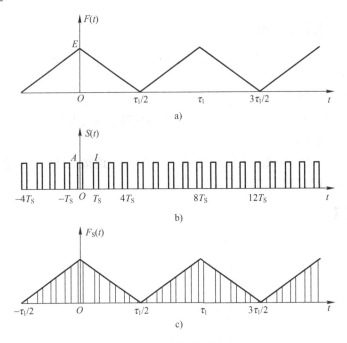

图 1-54   连续信号抽样过程

将连续信号用周期性矩形脉冲抽样而得到抽样信号，可通过抽样器来实现，实验原理电路如图 1-55 所示。

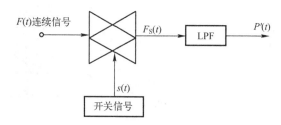

图 1-55　信号抽样实验原理图

## 2. 抽样信号频谱

连续周期信号经周期矩形脉冲抽样后，抽样信号的频谱

$$F_s\left(j\omega\right)=\frac{A\tau}{Ts}\sum_{m-\infty}^{\infty}\text{Sa}\frac{m\omega_s\tau}{2}\cdot 2\pi\delta(\omega-m\omega_s)$$

它包含了原信号频谱以及重复周期为 $f_s$（$f_s=\dfrac{\omega_s}{2\pi}$、幅度按 $\dfrac{A\tau}{T_S}\text{Sa}\left(\dfrac{m\omega_s\tau}{2}\right)$）规律变化的原信号频谱，即抽样信号的频谱是原信号频谱的周期性延拓。因此，抽样信号占有的频带比原信号频带宽得多。

以三角波被矩形脉冲抽样为例。三角波的频谱：

$$F(j\omega)=E\pi\sum_{K=-\infty}^{\infty}\text{sa}^2\left(\frac{k\pi}{2}\right)\delta\left(\omega-k\frac{2\pi}{\tau_1}\right)$$

抽样信号的频谱：

$$F_s(j\omega)=\frac{EA\tau\pi}{T_S}\sum_{\substack{k=-\infty\\m=-\infty}}^{\infty}\text{Sa}\frac{m\omega_s\tau}{2}\cdot\text{Sa}^2\left(\frac{k\pi}{2}\right)\cdot\delta(\omega-k\omega_1-m\omega_s)$$

式中　$\omega_1=\dfrac{2\pi}{\tau_1}$ 或 $f_1=\dfrac{1}{\tau_1}$

取三角波的有效带宽为 $3\omega_1$ $f_s=8f_1$ 作图，其抽样信号频谱如图 1-56 所示。

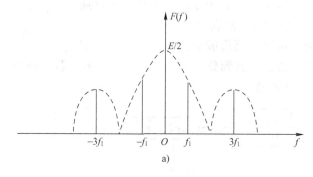

图 1-56　抽样信号频谱图

a) 三角波频谱

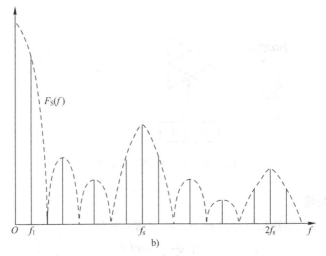

图 1-56　抽样信号频谱图（续）

b) 抽样信号频谱

如果离散信号是由周期连续信号抽样而得，则其频谱的测量与周期连续信号方法相同，但应注意频谱的周期性延拓。

### 3. 抽样信号恢复原信号

抽样信号在一定条件下可以恢复出原信号，其条件是 $f_s \geqslant 2B_f$，其中 $f_s$ 为抽样频率，$B_f$ 为原信号占有频带宽度。由于抽样信号频谱是原信号频谱的周期性延拓，因此，只要通过一截止频率为 $f_c$（$f_m \leqslant f_c \leqslant f_s - f_m$，$f_m$ 是原信号频谱中的最高频率）的低通滤波器就能恢复出原信号。

如果 $f_s < 2B_f$，则抽样信号的频谱将出现混迭，此时将无法通过低通滤波器获得原信号。

在实际信号中，仅含有有限频率成分的信号是极少的，大多数信号的频率成分是无限的，并且实际低通滤波器在截止频率附近频率特性曲线不够陡峭（见图 1-57），若使 $f_s = 2B_f$，$f_c = f_m = B_f$，恢复出的信号难免有失真。为了减小失真，应将抽样频率 $f_s$ 取高（$f_s > 2B_f$），低通滤波器满足 $f_m < f_c < f_s - f_m$。

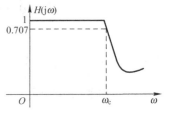

图 1-57　实际低通滤波器在截止频率附近频率特性曲线

为了防止原信号的频带过宽而造成抽样后频谱混迭，实验中常采用前置低通滤波器滤除高频分量，如图 1-58 所示。若实验中选用原信号频带较窄，则不必设置前置低通滤波器。

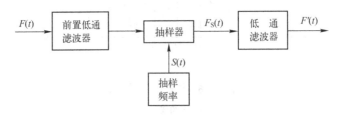

图 1-58　信号抽样流程图

本实验采用有源低通滤波器，如图 1-59 所示。若给定截止频率 $f_c$，并取 $Q=\dfrac{1}{\sqrt{2}}$（为避免幅频特性出现峰值），$R_1=R_2=R$，则有

$$C_1=\frac{Q}{\pi f_c R}$$

$$C_2=\frac{1}{4\pi f_c QR}$$

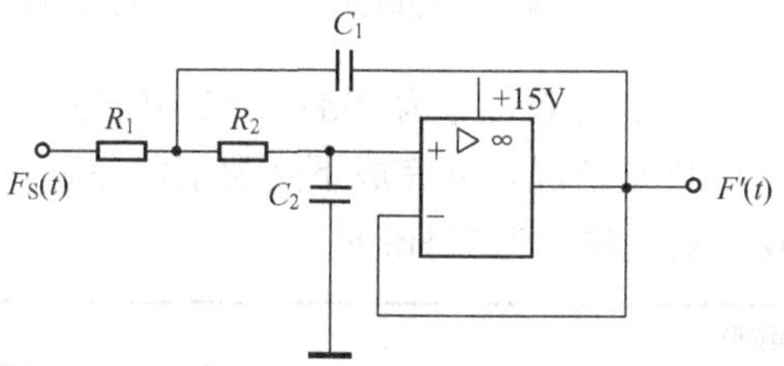

图 1-59 有源低通滤波器实验电路图

## 1.10.3 实验任务

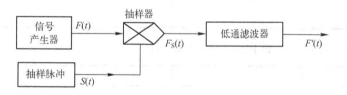

图 1-60 信号抽样与恢复实验框图

### 1. 观察抽样信号波形

（1）信号产生器产生连续信号，设置输出 1kHz 的三角波，输出信号幅值为 1V(峰-峰值)，将其送入抽样器。

（2）抽样脉冲产生器产生抽样信号送入抽样器中，改变抽样脉冲的频率，用示波器观察抽样器的输出波形。

（3）使用不同的抽样脉冲频率，观察抽样输出信号的变化。

### 2. 验证抽样定理与信号恢复

（1）用示波器 CH1 观察抽样信号 $F_s(t)$，CH2 观察恢复的信号波形 $F'(t)$。

（2）根据截止频率的不同，选择相应的低通滤波器。分别选择截止频率 $f_{c2}=2kHz$ 的滤波器和截止频率 $f_{c2}=4kHz$ 的滤波器，用示波器观察恢复的信号波形 $F'(t)$。

（3）自行搭试截止频率 $f_{c1}=2kHz$ 的低通滤波器，将抽样输出信号送入 $U_i$ 端，恢复波形在 $U_o$ 端测量，图中电阻可用电位器代替，进行调节。

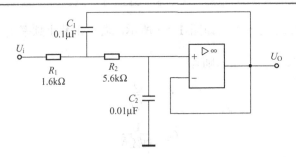

图 1-61　截止频率为 2kHz 的低通滤波器原理图

（4）设 1kHz 的三角波信号的有效带宽为 3kHz，$F_s(t)$信号分别通过截止频率为 $f_{c1}$ 和 $f_{c2}$ 低通滤波器，观察其原信号的恢复情况，并完成下列观察任务。

1. 当抽样频率为 3kHz、截止频率为 2kHz 时：

| $F_s(t)$波形 | $F'(t)$波形 |
| --- | --- |
|  |  |

2. 当抽样频率为 6kHz、截止频率为 2kHz 时：

| $F_s(t)$波形 | $F'(t)$波形 |
| --- | --- |
|  |  |

3. 当抽样频率为 12kHz、截止频率为 2kHz 时：

| $F_s(t)$波形 | $F'(t)$波形 |
| --- | --- |
|  |  |

4. 当抽样频率为 3kHz、截止频率为 4kHz 时：

| $F_s(t)$波形 | $F'(t)$波形 |
| --- | --- |
| | |

5. 当抽样频率为 6kHz、截止频率为 4kHz 时：

| $F_s(t)$波形 | $F'(t)$波形 |
| --- | --- |
| | |

6. 当抽样频率为 12kHz、截止频率为 4kHz 时：

| $F_s(t)$波形 | $F'(t)$波形 |
| --- | --- |
| | |

## 1.10.4 实验要求及注意事项

（1）应尽量将信号源、示波器、实验电路的接地端共接在一起。

（2）注意正确使用双踪示波器的控制件。

## 1.10.5 实验仪器

信号发生器　　　一台

双踪示波器　　　一台

交流毫伏表　　　一台

双路稳压电源　　一台

综合实验箱　　　一台

## 1.10.6 实验预习

（1）熟悉教材中抽样定理理论知识。

（2）认真阅读实验原理部分，复习周期性信号及其频谱特性的有关理论。

（3）了解低通滤波器的工作原理。

## 1.10.7　实验报告

（1）整理数据，正确填写表格，总结离散信号频谱的特点；

（2）整理在不同抽样频率（三种频率）情况下，$F(t)$ 与 $F'(t)$ 波形，比较后得出结论；

（3）比较 $F(t)$ 分别为正弦波和三角形，其 $F_s(t)$ 的频谱特点；

（4）思考题：1kHz 三角波抽样恢复滤波器截止频率应该设为多少比较合适？如果截止频率为 2kHz，恢复输出波形是什么？

# 第二部分

# MATLAB 辅助设计与仿真分析实验

## 2.1　MATLAB 的上机操作与实践

### 2.1.1　实验目的

（1）了解 MATLAB 的主要特点、作用。

（2）学会 MATLAB 主界面简单操作与使用方法。

（3）学习简单的数组赋值、运算、绘图、流程控制编程。

### 2.1.2　实验涉及的 MATLAB 子函数

#### 1．abs

功能：求绝对值（幅值）。

调用格式：

y=abs(x);用于计算 $x$ 的绝对值。当 $x$ 为复数时，得到的是复数模（幅值），即

$$abs(x) = \sqrt{\left[R_e(x)\right]^2 + \left[I_m(x)\right]^2}$$

当 $x$ 为字符串时，abs(x)得到字符串的各个字符的 ASC Ⅱ 码，例如，x='123'，则 abs(x) 得到 49 50 51。输入 abs('abc')，则 ans = 97　98　99。

#### 2．plot

功能：按线性比例关系，在 $X$ 和 $Y$ 两个方向上绘制二维图形。

调用格式：

plot(x,y);绘制以 $x$ 为横轴，$y$ 为纵轴的线性图形。

plot(x1,y1,x2,y2…);在同一坐系上绘制多组 $x$ 元素对 $y$ 元素的线性图形。

#### 3．stem

功能：绘制二维脉冲杆图（离散序列）。

调用格式：

stem(x,y);绘制以 $x$ 为横轴，$y$ 为纵轴的脉冲杆图。

#### 4．stairs

功能：绘制二维阶梯图。

调用格式：

stairs(x,y);绘制以 $x$ 为横轴，$y$ 为纵轴的阶梯图。

#### 5．bar

功能：绘制二维条形图。

调用格式：

bar(x,y);绘制以 $x$ 为横轴，$y$ 为纵轴的条形图。

### 6. subplot

功能：建立子图轴系，在同一图形界面上产生多个绘图区间。

调用格式：

subplot(m,n,i);在同一图形界面上产生一个 $m$ 行 $n$ 列的子图轴系，在第 $i$ 个子图位置上做图。

### 7. title

功能：在图形的上方标注图名。

调用格式：

title('string');在图形的上方标注由字符串表示的图名，其中 string 的内容可以是中文或英文。

### 8. xlabel

功能：在横坐标的下方标注说明。

调用格式：

xlabel('string');在横坐标的下方标注说明，其中 string 的内容可以是中文或英文。

### 9. ylabel

功能：在纵坐标的左侧标注说明。

调用格式：

ylabel('string');在纵坐标的左侧标注说明，其中 string 的内容可以是中文或英文。

## 2.1.3 实验内容

### 1. 简单的数组赋值方法

（1）MATLAB 中的变量和常量都可以是数组（或矩阵），且每个元素都可以是复数。默认情况下，MATLAB 认为 $A$ 与 $a$ 是两个不同的变量。

在 MATLAB 命令窗口中输入数组 A=[1，2，3；4，5，6；7，8，9], 观察输出结果。

```
输入 A(4,2)= 11
输入 A(5,:)=[-13  -14  -15]
输入 A(4,3)= abs(A(5，1))
输入 A([2，5],:)=[ ]
输入 A/2
输入 A(4,:)=[sqrt(3)  (4+5)/6*2  -7]
```

观察以上各式的输出结果，并在每式的后面标注其含义。

（2）在 MATLAB 命令窗口中输入 B=[1+2i，3+4i；5+6i ，7+8i], 观察其输出结果。

输入 C=[1，3；5，7]+[2，4；6，8]*i，观察其输出结果。如果 C 式中 i 前的*号省略，结果如何？

```
输入 D=sqrt(2+3i)
输入 D*D
```

输入 E=C', F=conj(C), G=conj(C)'

观察以上各式的输出结果，并在每式的后面标注其含义。

（3）在 MATLAB 指令窗口中输入 H1=ones(3,2)，H2=zeros(2,3)，H3=eye(4)，观察其输出结果。

### 2．数组的基本运算

（1）输入 A=[1　3　5]，B= [2　4　6]，求 C=A+B，D=A-2，E=B-A。

（2）求 F1=A*3，F2=A.*B，F3=A./B，F4=A.\B，F5=B.\A，F6=B.^A，F7=2./B，F8=B.\2。

*（3）求 Z1=A*B′，Z2=B′*A。

观察以上各式输出结果，比较各种运算的区别，理解其含义。

### 3．常用函数及相应的信号波形显示

【例 2-1】　显示曲线 $f(t) = 2\sin(2\pi t)$　　$(t > 0)$。

**解：** 按下列步骤操作。

（1）点击空白文档图标（或 New M-file），打开文本编辑器。

（2）输入

```
t=0:0.01:3;
f=2*sin(2*pi*t);
plot(t,f);
title('f(t)-t 曲线');
xlabel('t'), ylabel('f(t)');
```

（3）点击保存图标（SAVE），输入文件名 L1（扩展名默认值.M）。

（4）在 MATLAB 命令窗口上输入 L1（回车），程序将运行，打开图形窗，将观察到相应的波形曲线。

【例 2-2】　保留例 2-1 前两条程序，输入下列程序段，并观察其结果。

```
subplot(2，2，1), plot（t，f）;
title('plot（t，f）');
subplot(2，2，2), stem（t，f）;
title('stem（t，f）');
subplot(2，2，3), stairs（t，f）;
title('stairs（t，f）');
subplot(2，2，4), bar（t，f）;
title('bar（t，f）');
```

**实验任务：**

请在读懂例题的基础上，在同一图形窗中分别描绘以下 4 个函数波形。

（1）$f(t) = 3e^{-2t}$　　　　$(0 < t < 10)$

（2）$f(t) = 5\cos(2\pi t)$　　$(0 < t < 3)$

（3）$f(k) = k$　　　　$(0 < k < 10)$

（4）$f(t) = t\sin(t)$　　　$(-20 < t < 20)$

**4. 简单的流程控制编程**

**【例 2-3】** 用 MATLAB 程序计算下列公式：

$$X = \sum_{n=1}^{32} n^2 = 1^2 + 2^2 + 3^2 + 4^2 + \cdots + n^2$$

解：在文本编辑器中输入

```
x=0;
for n=1：32
    x=x+n^2;
end
```

在命令窗口输入程序变量名 x，回车确认，观察其结果。

**实验任务：**

用 MATLAB 程序计算下列公式。

（1） $X = \sum_{n=1}^{20} (2n-1)^2 = 1^2 + 3^2 + 5^2 + \cdots + (2n-1)^2$

（2） $X = 1 \times 2 + 2 \times 3 + 3 \times 4 + \cdots + 99 \times 100$

（3）用循环语句建立一个有 20 个分量的数组，使 $a_{k+2} = a_k + a_{k+1}$，$k = 1,2,3 \cdots$ 且 $a_1 = 1, a_2 = 1$。

## 2.1.4　实验设备

微型计算机（安装 MATLAB 软件）　　　　　　一台

## 2.1.5　实验预习

认真阅读附录 B "MATLAB 的基本操作与使用方法"，明确以下问题：

（1）MATLAB 语言与其他计算机语言相比，有何特点？

（2）MATLAB 的工作环境主要包括哪几个窗口，这些窗口的主要功能是什么？

（3）MATLAB 如何进行数组元素的访问和赋值？在赋值语句中，各种标点符号的作用如何？

（4）数组运算有哪些常用的函数？MATLAB 中如何处理复数？

（5）数组运算与矩阵运算有何异同？重点理解数组运算中点乘(.*)和点除(./或.\)的用法。

（6）初步了解 MATLAB 的基本流程控制语句及使用方法。

（7）通过例题，初步了解 MATLAB 进行二维图形绘制的方法和常用子函数。

# 2.2　连续时间信号的产生

## 2.2.1　实验目的

（1）了解与常用的连续时间信号有关的 MATLAB 子函数。

（2）初步掌握各种常用信号在 MATLAB 中程序的编写方法。

（3）进一步了解基本绘图方法和常用的绘图子函数。

## 2.2.2 实验涉及的 MATLAB 子函数

### 1．axis

功能：限定图形坐标的范围。

调用格式：

axis([x1, x2, y1, y2]);在横坐标起点为 $x1$，终点为 $x2$，纵坐标起点为 $y1$，终点为 $y2$ 的范围内作图。

### 2．length

功能：取某一变量的长度（采样点数）。

调用格式：

N=length(n);取变量 $n$ 的采样点个数，赋给变量 $N$。

### 3．real

功能：取某一复数的实部。

调用格式：

real(h); 取复数 $h$ 的实部。

x=real(h); 取复数 $h$ 的实部，赋给变量 $x$。

### 4．imag

功能：取某一复数的虚部。

调用格式：

imag(h); 取复数 $h$ 的虚部。

y=imag(h); 取复数 $h$ 的虚部，赋给变量 $y$。

### 5．sawtooth

功能：产生锯齿波或三角波。

调用格式：

x=sawtooth(t); 使用类似于 $\sin(t)$，它产生周期为 $2\pi$，幅值从-1～1 的锯齿波。

x=sawtooth(t,width); 用于产生三角波，其中，$width(0<width\leqslant1$ 的标量)用于确定波形最大值的位置。当 $width$=0.5 时，可产生对称的标准三角波；当 $width$=1 时，就产生锯齿波。

### 6．square

功能：产生矩形波。

调用格式：

x=square(t); 使用类似于 $\sin(t)$，产生周期是 $2\pi$，幅值从-1～1 的方波。

x=square(t,duty); 产生指定周期的矩形波，其中，$duty$ 用于指定脉冲宽度与整个周期的比例。

### 7．sinc

功能：产生 Sa 函数波形。

调用格式：

x=sinc(t)；可用于计算下列函数

$$\sin c(t) = \begin{cases} 1 & t=0 \\ \dfrac{\sin(\pi t)}{\pi t} & t \neq 0 \end{cases}$$

这个函数是宽度为 $2\pi$，幅度为 1 的矩形脉冲的连续逆傅里叶变换，即

$$\sin c(t) = \frac{1}{2\pi} \int_{-\pi}^{\pi} e^{j\omega t} d\omega$$

### 2.2.3　实验原理

#### 1．连续时间信号

在时间轴上连续取值的信号，被称为连续时间信号。通常，连续时间信号用 $x(t)$ 表示。

在"1.1 连续时间信号的测量"中，对常用的连续时间信号进行了归纳总结。通过实际操作实验可知，非周期的信号一般很难用传统的电子仪器来提供，传统操作实验主要研究的对象是周期性的连续时间信号。而 MATLAB 则可以研究周期性的和非周期性的时间信号。

严格意义上讲，MATLAB 和其他计算机语言一样，是不能产生连续信号的。不过，当把信号的样点值取得足够密时，就可以把非连续信号看成连续信号。

连续信号作图一般使用 plot 函数，绘制线性图。对具有突变点的信号则须进行特别的处理，选择合适的作图函数，如 stairs 作阶梯图。

#### 2．常用连续信号的产生

常用的时域连续信号主要有单位冲激、单位阶跃、实指数、复指数、正(余)弦波、锯齿波、矩形波以及 $Sa(t)$ 抽样等典型信号。

（1）单位冲激信号。单位冲激信号的表达式为

$$\begin{cases} \int_{-\infty}^{\infty} \delta(t)dt = 1 \\ \delta(t) = 0 \quad (t \neq 0) \end{cases} \quad \text{或} \quad \begin{cases} \int_{-\infty}^{\infty} \delta(t-t_0)dt = 1 \\ \delta(t-t_0) = 0 \quad (t \neq t_0) \end{cases}$$

【例2-4】　在 $t=3$ 处（$0 \leqslant t \leqslant 10$）产生一个持续时间为 0.1，面积为 1 的单位冲激信号。

**解**：参考程序如下，程序运行结果如图 2-1 所示。

```
t0=0;tf=10;t1=3;dt=0.1;          %输入已知条件
t=t0:dt:tf;                      %建立时间序列
N=length(t);                     %求 t 的样点个数
n1=floor((t1-t0)/dt);            %求 t1 对应的样本序号
x1=zeros(1,N);                   %把全部信号先初始化为零
x1(n1)=1/dt;                     %给出 t1 处单位冲激信号
stairs(t,x1);                    %绘图，注意为何用 stairs 而不用 plot 命令
axis([0 10 -0.5 1.1/dt]);        %为了使脉冲顶部避开图框，改变图框坐标
title('单位冲激信号');            %标注图名
```

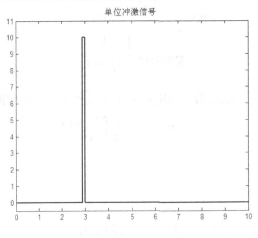

图 2-1　单位冲激信号

（2）单位阶跃信号。单位阶跃信号的表示式为

$$u(t)=\begin{cases}0 & (t<0)\\1 & (t\geq 0)\end{cases}\qquad 或 \qquad u(t-t_0)=\begin{cases}0 & (t<t_0)\\1 & (t\geq t_0)\end{cases}$$

【例2-5】　用 MATLAB 产生一个单位阶跃信号。在 $0\leq t\leq 10$ 的区间里，在 $t=5$ 处有一跃变，以后为 1。

**解：** MATLAB 程序如下，运行结果如图 2-2 所示。

```
t0=0;tf=10;t1=5;dt=0.1;
t=t0:dt:tf;
N=length(t);                    %求 t 的样点个数
n1=floor((t1-t0)/dt);           %求 t1 对应的样本序号
x2=[zeros(1,n1-1),ones(1,N-n1+1)];   %产生阶跃信号
stairs(t,x2);                   %绘图，注意为何用 stairs 而不用 plot 命令
axis([0 10 -0.1 1.1]);          %为了使脉冲顶部避开图框，改变图框座标
title('单位阶跃信号');           %标注图名
```

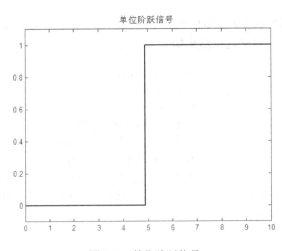

图 2-2　单位阶跃信号

（3）实指数信号。实指数信号的表示式为

$$x(t) = Ke^{at}$$

式中，$a$ 为实数。当 $a>0$ 时，$x(t)$的幅度随时间增大；当 $a<0$ 时，$x(t)$的幅度随时间衰减。

【**例 2-6**】　编写产生 $K=1, a=-0.2$ 和 $a=0.2$ 指数信号的程序，在 $-10 \leqslant t \leqslant 10$ 的范围内显示波形。

　　**解**：MATLAB 程序如下，运行结果如图 2-3 所示。

```
a1=-0.2;a2=0.2;k=1;              %输入已知条件
t=-10:0.1:10;                    %建立时间序列
x1=k*exp(a1*t);                  %建立信号 1
x2=k*exp(a2*t);                  %建立信号 2
subplot(1,2,1),plot(t,x1); %作图
title('实指数信号(a<0)');
subplot(1,2,2),plot(t,x2);
title('实指数信号(a>0)');
```

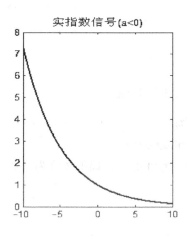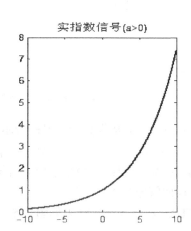

图 2-3　指数信号

（4）复指数信号。复指数信号的表述式为

$$x(t) = \begin{cases} Ke^{(\sigma + j\omega)t} & t \geqslant 0 \\ 0 & t < 0 \end{cases}$$

当 $\omega=0$ 时，$x(t)$为实指数信号；当 $\sigma=0$，$x(t)$为虚指数信号。

$$e^{j\omega t} = \cos(\omega t) + j\sin(\omega t)$$

由此可知，其实部为余弦信号，虚部为正弦信号。

【**例 2-7**】　编写产生 $\sigma=-0.1$，$\omega=0.6$ 复指数信号的程序，在 $0 \leqslant t \leqslant 30$ 的范围内显示波形。

　　**解**：MATLAB 程序如下，运行结果如图 2-4 所示。

```
t1=30;a=-0.1;w=0.6;                      %输入已知条件
```

```
t=0:0.1:t1;                          %建立时间序列
x=exp((a+j*w)*t);                    %建立信号
subplot(1,2,1),plot(t,real(x));      %作实部图
title('复指数信号的实部');
subplot(1,2,2),plot(t,imag(x));      %作虚部图
title('复指数信号的虚部');
```

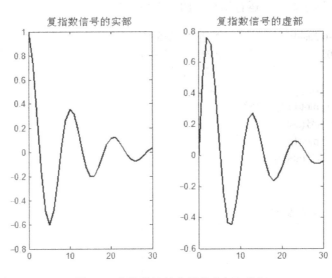

图 2-4　复指数连续信号的实部和虚部

（5）周期正弦信号。周期正弦信号的表示式为

$$x(t) = U_m \sin(\omega_0 t + \theta)$$

【例 2-8】　已知一时域周期性正弦信号的频率为 1Hz，振幅值幅度为 1V。用 32 点采样，显示两个周期信号的波形。

**解：** MATLAB 程序如下，结果如图 2-5 所示。

**注意：** 正弦信号的幅度在 -1～1V 之间，即峰-峰值为 -1～1V。

```
f=1;Um=1;nt=2;                       %输入信号频率、振幅和显示周期数
N=32; T=1/f;                         %N 为信号一个周期的采样点数，T 为信号周期
dt=T/N;                              %采样时间间隔
n=0:nt*N-1;                          %建立离散的时间序列
t=n*dt;                              %确定时间序列样点在时间轴上的位置
x=Um*sin(2*f*pi*t);                  %建立信号
plot(t,x);                           %显示信号
axis([0 nt*T 1.1*min(x) 1.1*max(x)]); %限定显示范围
title('正弦信号');
ylabel('x(t)');xlabel('t');
```

（6）锯齿波（三角波）信号。用 MATLAB 中的 sawtooth 子函数，可以产生周期性锯齿波或三角波信号。

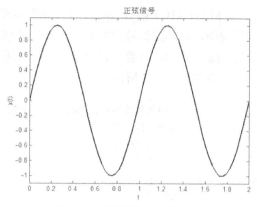

图 2-5　时域连续的正弦信号

【**例 2-9**】　试显示信号频率为 10Hz，采样频率 $F_S$=200Hz，幅度在-1～1V 之间，两个周期的锯齿波和三角波信号。

**解**：MATLAB 程序如下，结果如图 2-6 所示。

**注意**：直接用 sawtooth 子函数产生的信号波形，其幅度在-1～1V 之间，因此，本例程序不用做特别的处理。

另外，本例题在建立信号的时间序列 t 时采用了与例 2-8 不同的方法，但结果一致。

```
f=10;Um=1;nt=2;                    %输入信号频率、振幅和显示周期个数
FS=200; N=FS/f;                    %输入采样频率，求采样点数 N
T=1/f;                            %T 为信号的周期
dt=T/N;                          %采样时间间隔
t=0:dt:nt*T;                      %建立信号的时间序列
x1=Um*sawtooth(2*f*pi*t);        %产生锯齿波信号
x2=Um*sawtooth(2*f*pi*t,0.5);    %产生三角波信号
subplot(2,1,1),plot(t,x1);        %显示锯齿波信号
ylabel('x1(t)');title('锯齿波');
subplot(2,1,2),plot(t,x2);        %显示三角波信号
ylabel('x2(t)');title('三角波');
xlabel('t');
```

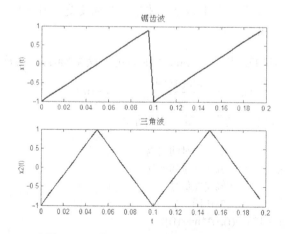

图 2-6　周期性锯齿波信号与三角波信号

（7）周期性矩形信号。用 MATLAB 子函数 square 可以获得周期性矩形信号。

【例 2-10】　一个连续的周期性矩形波信号频率为 1Hz，信号幅度在 0～2V 之间，脉冲宽度与周期的比例为 1:4，用 512 点采样，且要求在窗口上显示其两个周期的信号波形。

解：MATLAB 程序如下，结果如图 2-7 所示。

```
f1=1;Um=1;N=512;                    %输入基波频率、幅度、采样点数
T=1/f1;nt=2;                        %确定信号的周期
dt=T/N;                            %确定采样间隔
t=0:dt:nt*T;                       %建立信号的时间序列
xt=Um*square(2*pi*f1*t,25)+1;      %产生矩形波
stairs(t,xt);                      %绘图
title('矩形波信号');ylabel('x(t)');
axis([0,nt*T,-0.1,1.1*max(xt)]);
```

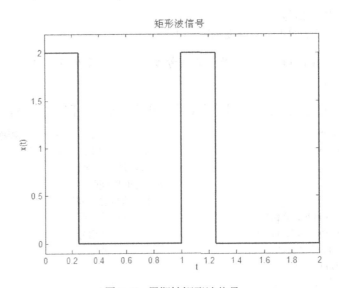

图 2-7　周期性矩形波信号

注意：直接用 square 子函数产生的信号波形，其幅度是在-1～1 之间。为使信号幅度变为 0～2V 之间，在程序上做了处理。

（8）Sa(t)信号。用 MATLAB 中的 sinc 子函数可以获得Sa(t)信号序列。

【例 2-11】　求 $f(t)=\mathrm{Sa}(\pi t/4)=\dfrac{\sin(\pi t/4)}{\pi t/4}$　　　$(-10\pi < t < 10\pi)$

解：MATLAB 程序如下，结果如图 2-8 所示。

```
dt=1/100*pi;                       %确定时间间隔
t=-10*pi:dt:10*pi;                 %建立时间序列
f=sin(t/4);                        %建立信号
plot(t,f);                         %作图
axis([-10*pi,10*pi,1.1*min(f),1.1*max(f)]);
```

```
title('Sa(t)信号');
ylabel('f(t)');xlabel('t');
```

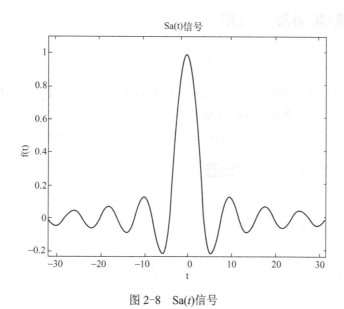

图 2-8 Sa(t)信号

## 2.2.4 实验任务

（1）运行实验原理部分所有例题中的程序，理解各信号产生的方法和主要子函数的意义。

（2）编写程序，描绘下列函数波形：

1）$f(t) = \delta(t-2) + \delta(t-4)$         $(0 < t < 10)$

2）$f(t) = e^{-t}\sin(2\pi t)$          $(0 < t < 3)$

3）$f(t) = \dfrac{\sin(\pi t/2)}{\pi t/2}$        $(-2\pi < t < 2\pi)$

4）$f(t) = 2e^{(0.1+j0.6\pi)t}$        $(0 < t < 6\pi)$

5）$f(t) = u(t+3) - u(t-2)$      $(-6 < t < 10)$

（3）试用 MATLAB 子函数 square 产生矩形方波，频率 $f$ =200Hz，幅度在-1～1 之间，一个周期内选取 16 个采样点，显示 3 个周期的波形。

（4）试用 MATLAB 子函数 sawtooth 产生锯齿波,频率 $f$ =3kHz，幅度在 0～1 之间，一个周期内选取 32 个采样点，显示两个周期的波形。

## 2.2.5 实验预习

（1）认真阅读实验原理部分，明确本次实验的目的和基本方法。

（2）读懂例题程序，明确实验任务，根据实验任务预先编写程序。

## 2.2.6 实验报告

（1）列写上机调试已通过的实验程序，描绘其图形曲线。

（2）思考题：通过实验，采样频率 $F_s$、采样点数 $N$、采样时间间隔 d$t$ 在程序编写中有怎样的联系，如果这些参数选择不当会有何影响？使用 MATLAB 时需注意什么问题？

## 2.3 拉普拉斯变换及其应用

### 2.3.1 实验目的

（1）加深对线性时不变系统分析工具——拉普拉斯变换基本理论的理解。

（2）掌握拉普拉斯变换和逆变换的基本方法、基本性质及其应用。

（3）初步掌握 MATLAB 有关拉普拉斯变换和逆变换的常用子函数。

### 2.3.2 实验涉及的 MATLAB 子函数

**1．syms**

功能：定义多个符号对象。

调用格式：

syms a b w0 ；把字符 $a$，$b$，$w0$ 定义为基本的符号对象。

**2．laplace**

功能：求解连续时间函数 $x(t)$ 的拉普拉斯变换。

调用格式：

X=laplace(x); 求时间函数 $x(t)$ 的拉普拉斯变换 $X(s)$，返回拉普拉斯变换的表达式。

**3．ilaplace**

功能：求解复频域函数 $X(s)$ 的拉普拉斯逆变换 $x(t)$。

调用格式：

x=ilaplace(X); 求复频域函数 $X(s)$ 的拉普拉斯逆变换 $x(t)$，返回拉普拉斯逆变换的表达式。

### 2.3.3 实验原理

**1．拉普拉斯变换与逆变换**

在线性时不变系统的分析中，拉普拉斯变换是一个不可缺少的工具。拉普拉斯变换对的基本公式为

$$F(s) = \int_0^\infty f(t) \mathrm{e}^{-st} \mathrm{d}t$$

$$f(t) = \frac{1}{2\pi \mathrm{j}} \int_{\sigma-\mathrm{j}\omega}^{\sigma+\mathrm{j}\omega} F(s) \mathrm{e}^{st} \mathrm{d}t$$

式中，$s = \sigma + \mathrm{j}\omega$。

拉普拉斯变换建立了系统时域和复频域之间的联系，如图 2-9 所示，即可在变换域求解线性时不变系统的模型，再还原成时间函数。同时，拉普拉斯变换把时域中两个函数的卷积运算转换成变换域中的乘除运算，大大减小了运算复杂度，使信号与系统的分析非常

有效和方便。

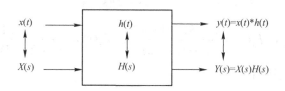

图 2-9　系统时域和复频域的联系

MATLAB 信号处理工具箱提供了进行拉普拉斯变换和逆变换的子函数。

### 2. 用拉普拉斯变换求解常用的时间函数

用 MATLAB 提供的 laplace 子函数，可以很方便地求解时间函数的拉普拉斯变换。但仍存在一定的局限性，对某些较为复杂的时间函数，还不能完全表示出其拉普拉斯变换的表达式。

【例 2-12】　求解下列各时间函数的拉普拉斯变换：

$f_1(t) = e^{-at}$，　$f_2(t) = \cos(\omega t)$，　$f_3(t) = e^{-at}\cos(\omega t)$，　$f_4(t) = t^3 e^{-at}$，　$f_5(t) = \cosh(at)$，$f_6(t) = t\cos(\omega t)$。

**解：** MATLAB 程序如下。

```
syms a t w
f1=exp(-a*t); F1=laplace(f1)
f2=cos(w*t); F2=laplace(f2)
f3=exp(-a*t)*cos(w*t); F3=laplace(f3)
f4=t^3*exp(-a*t); F4=laplace(f4)
f5=cosh(a*t); F5=laplace(f5)
f6=t*cos(w*t); F6=laplace(f6)
```

在 MATLAB 命令窗下可以看到运行结果

```
F1 =    1/(s+a)
F2 =    s/(s^2+w^2)
F3 =    (s+a)/((s+a)^2+w^2)
F4 =    6/(s+a)^4
F5 =    s/(s^2-a^2)
F6 =    1/(s^2+w^2)*cos(2*atan(w/s))
```

由结果可知，公式 F6 不符合常见的写法。

### 3. 用拉普拉斯逆变换求解常用的系统函数

用 MATLAB 提供的 ilaplace 子函数，可以很方便地求解系统函数的拉普拉斯逆变换。但同样存在着局限性，对某些较为复杂的系统函数，还不能完全表示出其拉普拉斯逆变换的表达式。可以用 MATLAB 提供的部分分式展开式求解其逆变换。这种方法将在 "2.4 连续时间系统的冲激响应与阶跃响应" 一节中介绍。

【例 2-13】　求解下列各系统函数的拉普拉斯逆变换：

$$F_1(s) = \frac{2}{s+2} , \quad F_2(s) = \frac{3s}{(s+a)^2} , \quad F_3(s) = \frac{s(s+1)}{(s+2)(s+4)}$$

$$F_4(s) = \frac{s^2 - \omega^2}{(s^2 + \omega^2)^2} , \quad F_5(s) = \frac{s^3 + 5s^2 + 9s + 7}{(s+1)(s+2)} , \quad F_6(s) = \frac{s^2 + 1}{(s^2 + 2s + 5)(s+3)} 。$$

**解：** MATLAB 程序如下。

```
syms s a w;
F1=2/(s+2); f1=ilaplace(F1)
F2=3*s/(s+a)^2; f2=ilaplace(F2)
F3=s*(s+1)/(s+2)/(s+4); f3=ilaplace(F3)
F4=(s^2-w^2)/(s^2+w^2)^2; f4=ilaplace(F4)
F5=(s^3+5*s^2+9*s+7)/(s+1)/(s+2); f5=ilaplace(F5)
F6=(s^2+1)/(s^2+2*s+5)/(s+3); f6=ilaplace(F6)
```

在 MATLAB 命令窗下可以看到运行结果

```
f1 =   2*exp(-2*t)
f2 =   3*exp(-a*t)*(1-a*t)
f3 =   Dirac(t)+exp(-2*t)-6*exp(-4*t)
f4 =   t*cos(w*t)
f5 =   Dirac(1,t)+2*Dirac(t)+2*exp(-t)-exp(-2*t)
f6 = 5/4*exp(-3*t)-1/4*exp(-t)*cos(2*t)-3/4*exp(-t)*sin(2*t)
```

其中，Dirac(t)表示 $\delta(t)$，Dirac(1,t)表示 $\delta'(t)$。

### 4. 从变换域求连续系统的响应

由图 2-9 可知，系统的响应既可以用时域分析的方法求解，也可以用变换域分析的方法求解。当已知连续系统函数 $H(s)$，又求出系统输入信号的拉氏变换 $X(s)$，则系统响应的拉普拉斯变换可以由公式 $Y(s) = H(s)X(s)$ 求出。对 $Y(s)$ 进行拉普拉斯逆变换，就可以求出系统的时域响应。

【例 2-14】 已知一个连续系统的系统函数为 $H(s) = 1/(s+1)$，输入信号为正弦波 $x(t) = \sin(2t)$，求系统在变换域的响应 $Y(s)$，以及时间域的响应 $y(t)$。

**解：** MATLAB 程序如下。

```
syms s t
x=sin(2*t);
X=laplace(x);
H=1/(s+1);
Y=X.*H
y=ilaplace(Y)
```

在 MATLAB 命令窗可以得到程序运行结果如下。

```
Y =
2/(s^2+4)/(s+1)
y =
```

2/5*exp(-t)-2/5*cos(4^(1/2)*t)+1/10*4^(1/2)*sin(4^(1/2)*t)

如果要观察时域输出信号 $y(t)$，可以编写下面的程序，结果如图 2-10 所示。

```
t=0:0.01:20;
y=2/5*exp(-t)-2/5*cos(4^(1/2)*t)+1/10*4^(1/2)*sin(4^(1/2)*t);
plot(t,y);
```

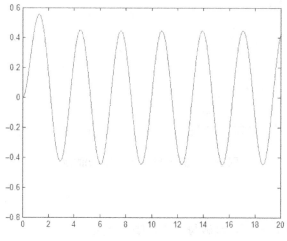

图 2-10　例 2-14 输出信号 $y(t)$ 的波形

其中，$y$ 可以从 MATLAB 命令窗口复制过来。

【例 2-15】 已知一个连续系统的系统函数为 $H(s)=1/(s^2+0.5s+1)$，系统输入为单位冲激信号 $x(t)=\delta(t)$，求系统在变换域的响应 $Y(s)$，以及时间域的响应 $y(t)$。

**解：** 已知单位冲激信号的拉普拉斯变换 $X(s)=1$，因此，MATLAB 程序如下。

```
syms s
X=1;
H=1/(s^2+0.5*s+1);
Y=X.*H
y=ilaplace(Y)
```

在 MATLAB 命令窗可以得到程序运行结果。

```
Y =
1/(s^2+1/2*s+1)
y =
-1/15*(-15)^(1/2)*4^(1/2)*(exp((-1/4+1/8*(-15)^(1/2)*4^(1/2))*t)-exp((-1/4-1/8*(-15)^(1/2)
*4^(1/2))*t))
```

再执行下列程序段，将显示如图 2-11 所示的 $y(t)$ 波形。

```
t=0:0.01:20;
y=-1/15*(-15)^(1/2)*4^(1/2)*(exp((-1/4+1/8*(-15)......;
plot(t,y);
```

其中，y 可以从 MATLAB 命令窗口复制过来。

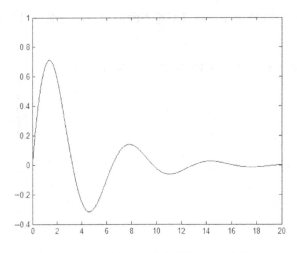

图 2-11　例 2-15 输出信号 $y(t)$ 的波形

### 2.3.4　实验任务

（1）输入并运行例题程序，理解每一条程序的意义。

（2）求解下列各时间函数的拉普拉斯变换：

$f_1(t) = t^4$ ，　$f_2(t) = \sin(\omega t)$ ，　$f_3(t) = e^{-t}\sin(2t)$ ，　$f_4(t) = \sinh(at)$ ，　$f_5(t) = te^{-(t-2)}$ 。

（3）求解下列各系统函数的拉普拉斯逆变换：

$$F_1(s) = \frac{1}{s+5} \quad , \qquad F_2(s) = \frac{4s+5}{s^2+5s+6} \quad , \qquad F_3(s) = \frac{s+3}{(s+1)^3(s+2)} \quad F_4(s) = \frac{\omega}{s^2+\omega^2} \quad ,$$

$$F_5(s) = \frac{s}{(s+\alpha)[(s+\alpha)^2+\beta^2]} \text{。}$$

（4）已知一个连续系统的系统函数为 $H(s) = 1/(2s+5)$ ，输入信号为 $x(t) = 3e^{-2t}$ ，求系统在变换域的响应 $Y(s)$ ，以及时间域的响应 $y(t)$ 。

（5）已知一个连续系统的系统函数为 $H(s) = (s+1)/(s^2+0.4s+3)$ ，当系统输入分别为单位冲激信号和单位阶跃信号时，求系统在变换域的响应 $Y(s)$ ，以及时间域的响应 $y(t)$ 。

**注意：** 当出现 exp($t$)*cos($t$)等类似的公式时，作图程序中*符号应改为.*符号。

### 2.3.5　实验预习

（1）认真阅读实验原理部分，了解用 MATLAB 进行线性时不变系统拉普拉斯变换和逆变换的方法、步骤，熟悉 MATLAB 有关的子函数。

（2）读懂实验原理部分有关的例题，根据实验任务，编写实验程序。

### 2.3.6　实验报告

（1）列写上机调试通过的程序，并列写出程序执行的结果，描绘其波形曲线。

（2）思考题：拉普拉斯变换是针对什么系统进行简化运算的工具？如何用 MATLAB 提

供的子函数进行系统中时域和频域函数的处理？

## 2.4　连续时间系统的冲激响应与阶跃响应

### 2.4.1　实验目的

（1）通过本实验，进一步加深对连续线性时不变系统基本理论的理解。

（2）初步了解用 MATLAB 语言进行连续时间系统研究的基本方法以及常用子函数。

（3）学习编写简单的程序，初步掌握求解连续时间系统冲激响应和阶跃响应的方法。

### 2.4.2　实验涉及的 MATLAB 子函数

#### 1. impulse

功能：求解连续系统的冲激响应。

调用格式：

impulse(b,a)；计算并显示出连续系统的冲激响应 $h(t)$ 的波形，其中 $t$ 将自动选取。

impulse(b,a,t)；可由用户指定 $t$ 值。若 $t$ 为一实数，将显示连续时间系统在 $0\sim t$ 秒间的冲激响应波形；若 $t$ 为数组，例如[t1:dt:t2]，则显示连续时间系统在指定时间 $t1\sim t2$ 内的冲激响应波形，时间间隔为 d$t$。

y=impulse(b,a,t)；将结果存入输出变量 $y$，不直接显示系统冲激响应波形。

说明：impulse 用于计算由矢量 $a$ 和 $b$ 构成的连续时间系统的冲激响应。

$$H(s)=\frac{B(s)}{A(s)}=\frac{b_0 s^m + b_1 s^{m-1} + \cdots + b_{m-1}s + b_m}{s^n + a_1 s^{n-1} + \cdots + a_{n-1}s + a_n}$$

其系统函数的系数 $b=[b_0,b_1,b_2,\cdots,b_m]$，$a=[a_0,a_1,a_2,\cdots,a_n]$。

#### 2. step

功能：求解连续系统的阶跃响应。

调用格式：

step(b,a)；计算并显示出连续系统的阶跃响应 $g(t)$ 的波形，其中 $t$ 将自动选取。

step(b,a,t)；可由用户指定 $t$ 值。若 $t$ 为一实数，将显示连续时间系统在 $0\sim t$ 秒间的阶跃响应波形；若 $t$ 为数组，例如[t1:dt:t2]，则显示连续时间系统在指定时间 $t1\sim t2$ 内的阶跃响应波形，时间间隔为 d$t$。

y=step(b,a,t)；将结果存入输出变量 $y$，不直接显示系统阶跃响应波形。

说明：step 用于计算由矢量 $a$ 和 $b$ 构成的连续时间系统 $H(s)$ 的阶跃响应。其系统函数的系数 $b=[b_0,b_1,b_2,\cdots,b_m]$，$a=[a_0,a_1,a_2,\cdots,a_n]$。

#### 3. residue

功能：部分分式展开。

调用格式：

[r p k]= residue(b,a); 其中 b，a 为按降幂排列的多项式的分子和分母的系数数组；r 为留数数组；p 为极点数组；k 为直项。

### 2.4.3 实验原理

#### 1. 连续线性时不变系统

由连续时间系统的时域和频域分析方法可知，线性时不变系统的微分方程式，即输入-输出方程为

$$\frac{d^n r}{dt^n} + a_1 \frac{d^{n-1} r}{dt^{n-1}} + \cdots + a_{n-1} \frac{dr}{dt} + a_n r = b_0 \frac{d^m e}{dt^m} + b_1 \frac{d^{m-1} e}{dt^{m-1}} + \cdots + b_{m-1} \frac{de}{dt} + b_m e$$

系统函数为

$$H(s) = \frac{R(s)}{E(s)} = \frac{B(s)}{A(s)} = \frac{b_0 s^m + b_1 s^{m-1} + \cdots + b_{m-1} s + b_m}{s^n + a_1 s^{n-1} + \cdots + a_{n-1} s + a_n} \tag{2-4-1}$$

对于复杂信号激励下的线性系统，可以将激励信号在时域中分解为单位脉冲信号或单位阶跃信号，把这些单位激励信号分别加在系统中求其响应，然后把这些响应迭加，即可得到复杂信号加在系统中的零状态响应。因此，求解系统的冲激响应和阶跃响应尤为重要。

连续时间系统的冲激响应 $h(t)$ 与系统函数 $H(s)$ 有着密切的联系。如果已知系统的冲激响应 $h(t)$，对它进行拉普拉斯变换即可求得系统函数 $H(s)$；反之，已知系统函数 $H(s)$，对其进行拉普拉斯逆变换即可求得系统的冲激响应 $h(t)$。

#### 2. 用 impules 和 step 子函数求解系统的冲激响应和阶跃响应

在 MATLAB 语言中求解系统冲激响应和阶跃响应，最简单的方法是使用 MATLAB 提供的 impulse 和 step 子函数。

下面举例说明使用 impules 和 step 子函数求解系统冲激响应和阶跃响应的方法。

【例 2-16】 一个 RLC 串联振荡电路如图 1-23 所示，L=22mH，C=2000pF，R=100Ω，$u_S(t)$ 为输入端，$u_C(t)$ 为输出端，求其时域的冲激响应和阶跃响应（其中，$t$ 的范围为 0～800 $\mu s$）。

解：由图 1-23 给定的电路结构可知，其系统函数式为

$$H(s) = \frac{1}{s^2 LC + sRC + 1}$$

用 impules 和 step 子函数编写程序,结果如图 2-12 所示。

```
L=22e-3;C=2e-9;R=100;            %输入电路元件参数
a=[L*C,R*C,1 ];b=[1];            %由 H(s),输入 a、b 多项式系数
t=0:1e-6:8e-4;                   %t 选择在 0～800μs 范围内
ht=impulse(b,a,t);              %求时域冲激响应
gt=step(b,a,t);                 %求时域阶跃响应
subplot(1,2,1),plot(t,ht);      %显示冲激响应曲线
ylabel('h(t)');xlabel('t');     %显示阶跃响应曲线
subplot(1,2,2),plot(t,gt);
ylabel('g(t)');xlabel('t');
```

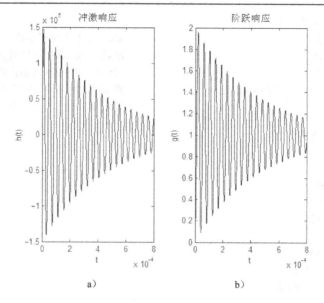

图 2-12   *RLC* 串联电路的冲激响应和阶跃响应

从图 2-12 看，似乎例 2-16 电路的冲激响应和阶跃响应没有什么区别，但是如果仔细观察，会发现两图的纵坐标相差悬殊，冲激响应的幅度要比阶跃响应大得多。

**3. 用留数法求解系统的冲激响应和阶跃响应**

由式（2-4-1）可知，$B(s)$ 和 $A(s)$ 都是 $s$ 的多项式。假定分母 $A(s)$ 多项式的次数 $n$ 高于分子 $B(s)$ 多项式的次数 $m$，则在时间域解 $h(t)$ 是 $H(s)$ 的拉普拉斯逆变换。具体求解步骤如下：

（1）用[r，p，k]=residue(b，a)求出 $H(s)$ 的极点数组 $p$ 和留数数组 $r$（当 $n>m$ 时，k 为空阵）。

求反变换的重要方法之一是部分分式法，将式（2-4-1）多项式分解为多个 $s$ 的一次分式之和。可表示为

$$H(s) = \frac{r_1}{s-p_1} + \frac{r_2}{s-p_2} + \frac{r_3}{s-p_3} + \frac{r_4}{s-p_4} + \cdots$$

**注意：** 当 $n \leqslant m$ 时，k 不为空阵，则情况比较复杂，本实验暂不讨论。

（2）此时它的反变换即为 $h(t)$，即

$$h(t) = r_1 \mathrm{e}^{p_1 t} + r_2 \mathrm{e}^{p_2 t} + r_3 \mathrm{e}^{p_3 t} + r_4 \mathrm{e}^{p_4 t} + \cdots$$

MATLAB 程序写为

$$ht = r(1) * \exp(p(1) * t) + r(2) * \exp(p(2) * t) + r(3) * \exp(p(3) * t)$$
$$+ r(4) * \exp(p(4) * t) + \cdots$$

**【例 2-17】** 用留数法求解例 2-16 系统的冲激响应和阶跃响应。

**解：**（1）求系统冲激响应。求解系统冲激响应时，已知输入激励函数 $U_S(s)$，求输出响应

$$U_C(s) = H(s)U_S(s)$$

由于脉冲输入 $U_S(s) = 1$，$U_C(s) = H(s)$，其程序如下。

```
L=22e-3;C=2e-9;R=100;                    %输入 a、b 多项式系数
a=[L*C,R*C,1 ];b=[1];                    %求输出响应的极点数组 p 和留数数组 r
[r p k]=residue(b,a)                     %t 选择在 0~800 μs 范围内
t=0:1e-6:8e-4;                           %求系统的时域冲激响应 h(t)
ht=r(1)*exp(p(1)*t)+r(2)*exp(p(2)*t);    %显示冲激响应的输出曲线
plot(t,ht);
```

在 MATLAB 命令窗将显示

```
r=
      1.0e+004 *
      0 - 7.5412i
      0 + 7.5412i
p =
      1.0e+005 *
      -0.0455 + 1.5069i
      -0.0455 - 1.5069i
k =
      []
```

在图形窗显示时域冲激响应的输出曲线与图 2-12a 相同。

（2）求系统阶跃响应。求系统阶跃响应时，由于阶跃输入 $U_S(s)=1/s$ ， $U_C(s)=H(s)/s$ ，分母上多乘了一个 $s$ ， $a$ 将提高一阶， $a$ 数组右端多加一个 0。此时，该题的解法，也可以将其看成先进行变换域的相乘 $U_C(s)=U_S(s)H(s)$ ，再求时域响应。

程序如下：

```
L=22e-3;C=2e-9;R=100;
a=[L*C,R*C,1,0 ];b=[1];
[r p k]=residue(b,a)
t=0:1e-6:8e-4;
yu=r(1)*exp(p(1)*t)+r(2)*exp(p(2)*t)+r(3);
plot(t,yu);                              %显示阶跃响应的输出曲线
```

在 MATLAB 命令窗显示

```
r =
      -0.5000 + 0.0151i
      -0.5000 - 0.0151i
      1.0000
p =
      1.0e+005 *
      -0.0455 + 1.5069i
      -0.0455 - 1.5069i
      0
k =
      []
```

在 MATLAB 图形窗显示阶跃响应曲线与图 2-12b 相同。

### 2.4.4 实验任务

（1）输入并运行例题程序，理解每一条程序的意义。

（2）已知RC串联电路如图1-19所示，$R=20k\Omega$，$C=2000pF$。

1）用impules和step子函数求解C和R两端分别为输出端时的冲激响应和阶跃响应。

*2）用留数法求解C两端为输出端时的冲激响应和阶跃响应。

（3）已知RL串联电路如图1-20所示，$R=0.5k\Omega$，$L=22mH$。

1）用impules和step子函数求解L和R两端分别为输出端时的冲激响应和阶跃响应。

*2）用留数法求解R两端为输出端时的冲激响应和阶跃响应。

（4）求如图2-13所示的网络函数$H(s)$、冲激响应$h(t)$以及阶跃响应。其中，$R=2\Omega$，$L=1H$，$C=1F$。激励信号为$u_S(t)$，响应信号为$u_C(t)$。

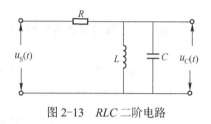

图2-13 RLC二阶电路

### 2.4.5 实验预习

（1）认真阅读实验原理部分，了解用MATLAB进行连续时间系统冲激响应和阶跃响应求解的方法、步骤，熟悉MATLAB有关的常用子函数。

（2）读懂实验原理部分有关的例题，根据实验任务，编写实验程序。

### 2.4.6 实验报告

（1）列写上机调试通过的程序，并描绘其波形曲线。

（2）思考题：线性时不变连续系统的微分方程和系统函数有何联系？公式中的$b_m$和$a_n$系数在编写程序时需注意什么问题？

## 2.5 卷积的应用

### 2.5.1 实验目的

（1）了解MATLAB中有关卷积子函数的使用方法。

（2）掌握应用卷积求解连续时间系统响应的方法，通过实验加深对卷积定理的认识。

（3）了解连续时间系统的仿真子函数及其应用，观察系统响应。

### 2.5.2 实验涉及的MATLAB子函数

1. conv

功能：进行两个序列的卷积运算。

调用格式：

y=conv(x,h); 用于求解两个有限长序列 $x$ 和 $h$ 的卷积，$y$ 的长度取 $x$ 与 $h$ 长度之和减 1。

例如，$x(n)$ 和 $h(n)$ 的长度分别为 $M$ 和 $N$，则

$$y=conv(x,h)$$

$y$ 的长度为 $N+M-1$。

**说明：** conv 默认两个信号的时间序列从 $n=0$ 开始，因此，默认 $y$ 对应的时间序列也从 $n=0$ 始。

### 2. lsim

功能：对连续系统的响应进行仿真。

调用格式：

lsim(b,a,x,t); 当将输入信号加在由 $a$、$b$ 所定义的连续时间系统输入端时，将显示系统的零状态响应的时域仿真波形。

y= lsim(b,a,x,t); 当将输入信号加在由 $a$、$b$ 所定义的连续时间系统输入端时，不直接显示仿真波形，而是将求出的数值存入输出变量 y。

**说明：** 其中，$b=[b_0,b_1,b_2,\cdots b_m]$，$a=[a_0,a_1,a_2,\cdots,a_n]$ 是连续时间系统的传递函数的系数。

$x$ 和 $t$ 是系统输入信号的行向量。例如

    t=0:0.01:10;
    x=sin(t);

定义输入信号为一正弦信号 $\sin t$，且这个信号在 0～10s 的时间内每间隔 0.01s 选取一个取样点。

## 2.5.3 实验原理

### 1. 直接使用 conv 进行卷积运算

由相关理论可知，对于线性时不变连续系统，假设输入信号为 $e(t)$，系统冲激响应为 $h(t)$，零状态响应为 $y(t)$，则

$$y(t) = e(t) * h(t) \tag{2-5-1}$$

在用 MATLAB 中 conv 子函数进行卷积计算前，连续时间信号必须首先经过等间隔抽样变为离散序列，则式（2-5-1）变为

$$y(k) = e(k) * h(k) \tag{2-5-2}$$

求解两个信号的卷积，很重要的问题在于卷积结果的时宽区间如何确定。MATLAB 中卷积子函数 conv 默认两个信号的时间序列从 $n=0$ 开始，卷积的结果 $y$ 对应的时间序列也从 $n=0$ 开始。

【例 2-18】已知两个信号分别为

$$f_1 = e^{-0.5t}u(t) \qquad (0 < t < 20)$$
$$f_2 = u(t) \qquad (0 < t < 15)$$

求两个信号的卷积和。

**解：** MATLAB 程序如下，运行结果如图 2-14 所示。

```
t1=0:20;                        %建立 f1 的时间向量
f1=exp(-0.5*t1);                %建立 f1 信号
subplot(2,2,1);plot(t1,f1);
title('f1(t)');
t2=0:15;                        %建立 f2 的时间向量
lf2=length(t2);                 %取 f2 时间向量的长度
f2=ones(1,lf2);                 %建立 f2 信号
subplot(2,2,2);plot(t2,f2);
title('f2(n)');
y=conv(f1,f2);                  %卷积运算
subplot(2,1,2);plot(y);
title('y(n)');
```

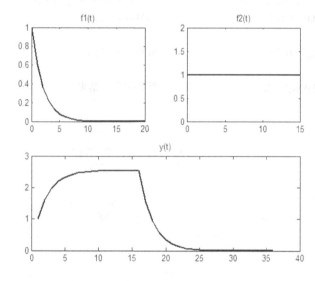

图 2-14　例 2-18 用 conv 进行卷积运算

### 2．复杂序列的卷积运算

由于 MATLAB 中卷积子函数 conv 默认两个信号的时间序列从 $n=0$ 开始，如果信号不是从 0 开始，则编程时必须用两个数组确定一个信号，一个数组是信号波形的非零幅度样值，另一个数组是其对应的时间向量，此时程序不能直接使用 conv 子函数。

下面是在 conv 基础上进一步编写的新的卷积子函数 convnew，它是一个适用于信号从任意时间开始的通用程序。

```
function [y,ty]=convnew(x,tx,h,th,dt)
%建立 convnew 子函数，计算 y(t)=x(t)*h(t)。
%dt 为采样间隔；x 为一信号非零样值向量，tx 为 x 对应的时间向量；
%h 为另一信号或系统冲激函数的非零样值向量，th 为 h 对应的时间向量；
%y 为卷积积分的非零样值向量，ty 为其对应的时间向量。
```

```
t1=tx(1)+th(1);                         %计算y的非零样值的起点位置
t2=tx(length(x))+th(length(h));         %计算y的非零样值的宽度
ty=[t1:dt:t2];                          %确定y的非零样值时间向量
y=conv(x,h);
```

用上述程序可以计算两个连续时间信号的卷积和，或者计算信号通过一个系统时的响应。

【例2-19】 输入信号和卷积结果如图2-15所示，$f_1$ 为一个幅度1V，$t$ 为-2～2s的斜变信号；$f_2$ 为一个 $Sa(\pi t/4)$ 信号，$t$ 的范围为-5～5s，求两个信号的卷积和。

**解**：MATLAB程序如下，运行结果如图2-15所示。

```
dt=0.1;
tf1=-2:dt:2;                            %f1的时间向量
f1=0.5*tf1;
tf2=-5:dt:5;                            %f2的时间向量
f2=sinc(tf2*pi/4);
[y,ty]=convnew(f1,tf1,f2,tf2,dt);       %调用convnew卷积子函数
subplot(2,2,1),plot(tf1,f1);            %显示f1信号
title('f1(t)');
subplot(2,2,2),plot(tf2,f2);            %显示f2信号
title('f2(t)');
subplot(2,1,2),plot(ty,y);              %卷积积分结果
title('y');
```

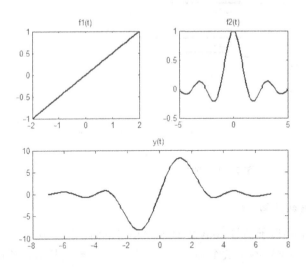

图2-15　例2-19 用conv进行卷积运算

**注意**：由于研究的是连续时间信号与系统，作图时应使用plot子函数显示连续曲线。

### 3. 用卷积求连续系统的响应

【例2-20】 一个 $RLC$ 串联振荡电路如图1-23所示，$L$=22mH，$C$=2000pF，$R$=100$\Omega$，输入信号 $u_S(t)$ 为幅度为1V，周期为800$\mu$s，脉冲宽度为400$\mu$s的矩形信号，求其输出 $u_C(t)$

上的响应波形。

**解：** 由例 2-16 已知，该电路其系统函数式为

$$H(s) = \frac{1}{s^2 LC + sRC + 1}$$

MATLAB 程序如下，运行结果如图 2-16 所示。

```
L=22e-3;C=2e-9;R=100;              %输入电路元件参数
a=[L*C,R*C,1];b=[1];              %由 H(S),输入 a、b 多项式系数
dt=1e-6;
t=0:dt:8e-4;                       %t 取 0~800 μs 范围
ht=impulse(b,a,t);                %求系统的冲激响应
N=length(t);                      %取 t 的样点数
et=[ones(1,(N-1)/2),zeros(1,(N-1)/2+1)];   %建立输入信号
[yt,ty]=convnew(et,t,ht,t,dt);    %用卷积求输出响应
subplot(1,3,1),plot(t,et);
axis([0 8e-4 -0.1 1.2]);          %调整输入信号波形显示范围
title('e(t)');
subplot(1,3,2),plot(t,ht);
title('h(t)');
subplot(1,3,3),plot(ty,yt);
title('y(t)');
```

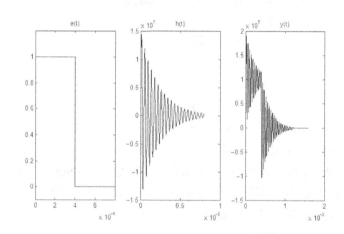

图 2-16　例 2-20 中 $e(t)$、$h(t)$、$y(t)$ 的波形

### 4. 用连续系统仿真函数 lsim 求响应

用卷积求解连续系统的响应，如果输入信号和系统冲激响应的长度是有限的，其结果总是会落在幅度为零处。用连续系统仿真函数 lsim 求响应，使系统响应的求解比较方便，可以避免上述问题。

用连续系统仿真函数 lsim 重做例 2-20,将求响应的一句程序

```
[yt,ty]=convnew(et,t,ht,t,dt);
改为     yt=lsim(b,a,et,t);
```

将作图语句　　plot(**ty,yt**);

改为　　　　　plot(yt);

运行结果如图 2-17 所示。

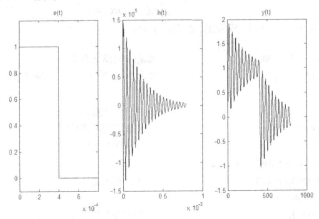

图 2-17　用连续系统仿真函数 lsim 求响应波形

## 2.5.4　实验任务

（1）输入并运行例题程序，理解每一条程序的意义。

（2）画出下列信号的卷积波形：

1）　$f_1(t) = u(t)$　　　　　　　　　$0 < t < 20$

　　$f_2(t) = 0.8^t$　　　　　　　　　$0 < t < 16$

2）　$f_1(t) = e^{-5t}$　　　　　　　　$0 < t < 10$

　　$f_2(t) = \sin t$　　　　　　　　$0 < t < 20$

3）　$f_1(t) = u(t+1) - u(t-1)$　　　$-5 < t < 5$

　　$f_2(t) = \delta(t+5) + \delta(t-5)$　　　$-10 < t < 10$

（3）已知一个 $RC$ 串联电路如图 1-19 所示，$R=20\text{k}\Omega$，$C=2000\text{pF}$。$t<0$ 时 $C$ 无能量储存，$t=0$ 时加入输入信号，求输出信号 $u_C(t)$。输入信号分别为以下几种情况（$E=1\text{V}$，$\tau=RC$）。用 conv 和 lsim 两种方法作图显示输入输出波形。

1）阶跃信号　　　　$e(t) = Eu(t)$

2）指数充电信号　$e(t) = (1 - e^{-10000t})u(t)$

3）正弦信号　　　　$e(t) = \sin(\omega_c t)u(t)$，　　　$\omega_c = 2\pi f_c$

*观察：上述其他条件不变，输出改为 $u_R(t)$，有何现象？

（4）如图 1-24 所示为 $RC$ 脉冲分压器，$t<0$ 时 $C$ 无能量储存，$t=0$ 时输入一阶跃信号，用 lsim 求 $u_2(t)$。

已知 $R_1=10\text{k}\Omega$，$R_2=20\text{k}\Omega$，$C_2=2000\text{pF}$。$C_1$ 为可变电容，当 $C_1=2000\text{pF}$、$C_1=4000\text{pF}$ 和 $C_1=6000\text{pF}$ 时，使

1）$R_1C_1 = R_2C_2$　　2）$R_1C_1 > R_2C_2$　　3）$R_1C_1 < R_2C_2$

将以上 3 种情况在同一坐标上用不同颜色的线条表现出来。

### 2.5.5　实验预习

（1）认真阅读实验原理部分，了解用 MATLAB 进行连续时间信号与系统卷积的方法、步骤。

（2）读懂实验原理部分有关的例题，根据实验任务，编写实验程序。

### 2.5.6　实验报告

（1）列写上机调试通过的程序，并描绘其波形曲线。

（2）思考题如下：

1）直接使用 conv 子函数进行卷积计算时有何限制？

2）请简述调用子函数 convnew 进行卷积积分处理前，程序上要做哪些准备？与使用 conv 有何不同？

## 2.6　连续时间信号的傅里叶分析

### 2.6.1　实验目的

（1）复习傅里叶分析的基本概念，初步掌握 MATLAB 中连续时间信号频谱的分析方法。

（2）熟悉 MATLAB 有关傅里叶分析的子函数。

（3）用 MATLAB 图形观察吉布斯效应。

### 2.6.2　实验涉及的 MATLAB 子函数

1．linspace

功能：对向量进行线性分割。

调用格式：

linspace（a，b，n）;在 a 和 b 之间均匀地产生 n 个点值，形成 $1 \times n$ 元向量。

2．grid

功能：在指定的图形坐标上绘制分格线。

调用格式：

grid　紧跟在要绘制分格线的绘图指令后面。例如：plot（t，y）; grid

grid　on　　绘制分格线。

grid　off　　不绘制分格线。

3．mesh

功能：作三维网格图。

调用格式：

mesh(z);以 z 为矩阵列、行下标为 x、y 轴自变量，画网线图。

mesh(x,y,z);常用网线图的调用。

## 2.6.3 实验原理

### 1. 用傅里叶分析求解连续时间信号的频谱

一个周期性连续时间信号的波形 $f(t)$ 如果满足狄利赫莱条件，则可通过傅里叶级数求得其频谱

$$F(n\omega_1) = \frac{1}{T_1} \int_{-\frac{T_1}{2}}^{\frac{T_1}{2}} f(t) e^{-jn\omega_1 t} dt$$

其逆变换表达式为

$$f(t) = \sum_{n=-\infty}^{\infty} F(n\omega_1) e^{jn\omega_1 t}$$

而一个非周期性连续时间信号波形 $f(t)$，其频谱可由傅里叶变换求得

$$F(\omega) = \int_{-\infty}^{\infty} f(t) e^{-j\omega t} dt$$

其逆变换表达式为

$$f(t) = \frac{1}{2\pi} \int_{-\infty}^{\infty} F(\omega) e^{j\omega t} d\omega$$

连续时间信号用计算机程序处理时，首先要将信号离散化以及窗口化，才能用 MATLAB 进行频谱分析。

处理时一般是把周期信号的一个周期作为窗口显示的内容，对非周期信号则将信号非零的部分作为窗口显示的内容。然后将一个窗口的长度看成是一个周期，分为 $N$ 份。此时，原来的连续时间信号实际上已经转化为离散信号了。进行频谱分析时，可以根据傅里叶级数或傅里叶变换公式编写程序。

### 2. 用傅里叶变换分析求解非周期信号的频谱

下面举例用傅里叶变换编写程序，进行非周期信号的频谱分析。

【例 2-21】 设一非周期方波信号 $x(t)$ 的脉冲宽度为 1ms，信号持续时间为 2ms，在 0～2ms 区间外信号为 0。

（1）试求其含有 20 次谐波的信号的频谱特性。

（2）求其傅里叶逆变换的波形，与原时间信号的波形进行比较。

**解：** 取窗口长度为 0～2ms。由题意可知，信号 $x(t)$ 的傅里叶变换为

$$X(\omega) = \int_{-\infty}^{\infty} x(t) e^{-j\omega t} dt = \int_{0}^{2} x(t) e^{-j\omega t} dt$$

按 MATLAB 作数值计算的要求，必须把 $t$ 分成 $N$ 份，用相加来代替积分，对于任一给定的 $\omega$，可写成

$$X(\omega) = \sum_{n=1}^{N} x(t_n) e^{-j\omega t_n} \Delta t = [x(t_1), \cdots, x(t_N)][e^{-j\omega t_1}, \cdots, e^{-j\omega t_N}]' \Delta t \qquad (2\text{-}6\text{-}1)$$

由式（2-6-1）可见，求和的问题可以用 $x(t)$ 行向量乘以 $e^{j\omega t}$ 列向量来实现。此处的 $\Delta t$ 是 $t$ 的增量，在程序中，将用 d$t$ 来代替。

由于求解一系列不同的 $\omega$ 处的 $X$ 值，都使用同一公式，这就可以利用 MATLAB 的数组运算方法，把 $\omega$ 设成一个行数组，代入本公式的 $\omega$ 中去(程序中把 $\omega$ 写成 w)，则有

$$X = x * \exp(-j * t' * w) * \mathrm{d}t$$

其中，$x$ 与 $t$ 必须是等长的。exp 中的 $t'$ 是列向量，$w$ 是行向量，$t' * w$ 是一个矩阵，其行数与 $t$ 相同，列数与 $w$ 相同。类似地可以得到傅里叶逆变换的表示式。程序如下：

```
%非周期矩形脉冲的频谱
T=2;f1=1/T;N=256;                    %输入窗口长度、频率和采样点数
%进行时间分割，在 0～T 间均匀地产生 N 点，每两点的间隔为 dt
t=linspace(0,T,N);
dt=T/(N-1);
x=[ones(1,N/2),zeros(1,N/2)];        %建立时间信号 x(t)
%进行频率分割，在-20～20 次谐波间均匀地产生 N 点
f=linspace(-(20*f1),(20*f1),N);
w=2*pi*f;
X=x*exp(-j*t'*w)*dt;                 %求信号 x(t)的傅里叶变换
subplot(1,2,1),plot(f,abs(X)),grid   %作幅度频谱图
title('非周期矩形脉冲的幅度谱');
dw=(40*2*pi*f1)/(N-1);               %求两个频率样点的间隔
x2=X*exp(j*w'*t)/(2*pi)*dw;          %求傅里叶逆变换
%同时显示原时间信号和傅里叶变换取-20～20 次谐波还原的信号。
subplot(1,2,2),plot(t,x,t,x2),grid
title('原信号与傅里叶逆变换');
```

执行上述程序的结果如图 2-18 所示。其中，图 2-18a 为方波信号的频谱图；由题目给定的条件可知，这个信号是一个非周期信号，因此，频谱图采用 plot 子函数作连续频谱图。

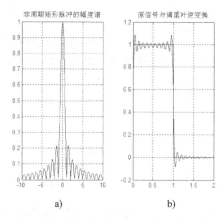

图 2-18　例 2-21 非周期矩形波程序运行的结果

图 2-18b 为该频谱的傅里叶逆变换的波形图与原波形比较图。由于方波含有很丰富的高频分量，而该程序只取了其中 0～20 次谐波的部分，因此，傅里叶逆变换的波形有所失真。实践中要充分恢复其原信号波形需要很宽的频带，不可能完全做到。

### 3．周期信号的频谱

对周期信号进行频谱分析，可以根据傅里叶级数的公式编写程序。

【例 2-22】　设一时域周期方波 $x(t)$，幅度 $E = 1.2$ V，周期 $T = 100\mu s$，脉冲宽度与周期之比为 $\tau / T = 1/2$，时间轴上采样点数取 1000 点。

（1）试求其含有 20 次谐波的信号的频谱特性。

（2）求其傅里叶逆变换波形，与原时间波形进行比较。

*（3）试计算频谱中基波到 10 次谐波的振幅值、有效值以及电压电平值。

**解：** 取窗口长度为 $0\sim T$。由题意，信号 $x(t)$ 的傅里叶级数公式为

$$X(n\omega_1) = \frac{1}{T}\int_0^T x(t)\mathrm{e}^{-jn\omega_1 t}\mathrm{d}t$$

傅里叶级数逆变换公式为

$$x(t) = \sum_{n=-20}^{20} X(n\omega_1)\mathrm{e}^{jn\omega_1 t}$$

编程时的处理方法与非周期信号类似，只是在频谱图上进行频率分割时，需要按照谐波的次数 $n$ 来处理，因为傅里叶级数的公式与傅里叶变换公式不同。程序如下。

```
%周期信号的频谱
T=100;f1=1/T;N=1000;                        %输入信号的周期、频率和采样点数
%进行时间分割，在 0~T 间均匀地产生 N 点，每两点的间隔为 dt
t=linspace(0,T,N);
dt=T/(N-1);
x=1.2*[ones(1,N/2),zeros(1,N/2)];           %建立时间信号 x(t)
%进行频率分割，在-20~20 次谐波间产生 n 点
n=[-20:20];
w1=2*pi*f1;
X=x*exp(-j*t'*n*w1)*dt/T;                    %求信号 x(t)的傅里叶级数
subplot(1,2,1),stem(n,abs(X)),grid
title('周期矩形脉冲的幅度谱');
x2=X*exp(j*n'*w1*t);                         %求傅里叶级数逆变换
%同时显示原时间信号和傅里叶逆变换取-20~20 次谐波还原的信号
subplot(1,2,2),plot(t,x,t,x2),grid
title('原信号与傅里叶逆变换');
```

如果在程序段加上

```
Cn=2*abs(X(22:31))                          %仅取正频率轴 1~10 次谐波，振幅扩大两倍
U=Cn/sqrt(2)                                %计算电压有效值
pu=20*log10(U/0.775)                        %计算电压电平值
```

则可以计算出 1~10 次谐波的振幅值、有效值和电压电平值。在 MATLAB 命令窗将显示

```
Cn =
      0.7639    0.0012    0.2546    0.0012    0.1528
      0.0012    0.1091    0.0012    0.0849    0.0012
U =
      0.5402    0.0008    0.1801    0.0008    0.1080
      0.0008    0.0772    0.0008    0.0600    0.0008
pu =
     -3.1351  -59.2040  -12.6775  -59.2038  -17.1144
    -59.2036  -20.0369  -59.2033  -22.2197  -59.2029
```

与实验 1.6 理论值及测量值基本一致。

由图2-19可知，周期性矩形信号的频谱为离散谱。其傅里叶级数逆变换的波形与例2-21非周期信号傅里叶逆变换的波形有所不同。当矩形脉冲一个周期结束时，终点回到振幅的一半处，如图2-19所示。

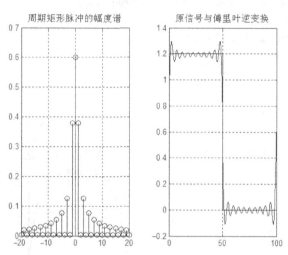

图2-19　例2-22周期矩形波程序运行的结果

### 4．用MATLAB图形观察吉布斯效应

在前面的分析中可以知道，将任意周期信号表示为傅里叶级数时，需要无限多项才能逼近原信号，但在实际应用中经常采用有限项级数来代替无限项级数。所选项数越多，越接近原信号。当原信号是脉冲信号时，其高频分量主要影响脉冲的跳变沿，低频分量主要影响脉冲的顶部，因此，输出信号波形总是要发生失真，称为吉布斯效应。从上例傅里叶逆变换还原的波形，已经可以看到这一现象。为了更清楚地观察这一现象，用MATLAB编写程序进一步说明。

【例2-23】　一个以原点为中心奇对称的周期性方波，可以用奇次正弦波的叠加来逼近，即

$$y(t) = \sin\omega_1 t + \frac{1}{3}\sin 3\omega_1 t + \frac{1}{5}\sin 5\omega_1 t + \frac{1}{7}\sin 7\omega_1 t + \cdots + \frac{1}{(2k-1)}\sin(2k-1)\omega_1 t + \cdots$$

假定方波的脉冲宽度为 $400\,\mu s$，周期为 $800\,\mu s$，观察正弦波分别取 1～7 次谐波的情况，其结果如图2-20所示。注意：本例只观察方波半个周期的波形。

**解**：其程序如下，运行结果如图2-20所示。

```
T1=800;dt=1;t=0:dt:T1/2;             %t 只取方波半个周期
n=floor(T1/2/dt);                    %取 T1/2 对应的样本序号
y=[ones(1,n+1)];                     %建立原信号
subplot(2,2,1),plot(t,y);
axis([0 400 0 1.2]);title('原信号');
w1=2*pi/T1;
y1=sin(w1*t);                        %基波
subplot(2,2,2),plot(t,y1);
axis([0 400 0 1.2]);title('取基波');
y2=sin(w1*t)+sin(3*w1*t)/3;          %叠加 3 次谐波
```

```
subplot(2,2,3),plot(t,y2);
axis([0 400 0 1.2]);title('取 1～3 次谐波');
%叠加 7 次谐波
y3=sin(w1*t)+sin(3*w1*t)/3+sin(5*w1*t)/5+sin(7*w1*t)/7;
subplot(2,2,4),plot(t,y3);
axis([0 400 0 1.2]);title('取 1～7 次谐波');
```

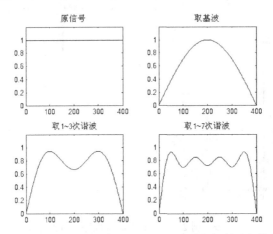

图 2-20　分别显示原信号和 1～7 次谐波之间的叠加信号

**【例 2-24】** 观察例 2-23 从 1～19 次谐波分别叠加的情况，绘制 MATLAB 三维网格图。

**解：** 其程序和运行结果如图 2-21 所示。

```
T1=800;nf=19;
t=0:1:T1/2;
w1=2*pi/T1;N=round((nf+1)/2);          %N 为奇次谐波的个数
y=zeros(N,max(size(t)));
x=zeros(size(t));
for k=1:2:nf
    x=x+sin(w1*k*t)/k;
    y((k+1)/2,:)=x;
end
mesh(y);                               %作三维网格图
axis([0 T1/2 0 N 0 1]);
```

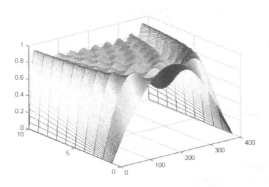

图 2-21　方波信号的 1～19 次谐波叠加波形图

由图 2-21 可知，谐波次数越多，叠加后的波形越接近原有的方波信号，但总是不能消除波形顶部的波动和边缘上的尖峰，这就是吉布斯效应。

### 2.6.4 实验任务

（1）运行实验原理部分所有例题程序，理解每一条指令的意义。

（2）编写产生下列连续时间信号及其频谱的程序。要求用傅里叶级数或者傅里叶变换公式进行频谱分析,在同一图形窗口上显示时间信号及其与之对应的频谱。

1）已知一个矩形脉冲信号，幅度 $E$=1.2V，周期 $T$=100ms，脉冲宽度与信号周期之比为 1/4，进行 256 点的采样，显示原时域信号和 0～20 次谐波频段的频谱特性。求其傅里叶逆变换波形并算出基波到 10 次谐波的振幅值、有效值和电压电平值。

2）已知一个单位冲激信号 $\delta(t-3)$，在 $0<t<10$ 的范围内用 100 点作图，显示原时域信号及其频谱图。

3）已知一个周期性三角波信号频率为 1Hz，幅度 $E$=4V，取其一个周期的时间信号，进行 200 点的采样，显示原时域信号和-20～20 次谐波频段的频谱特性。

（3）用三维网格图显示下列脉冲信号的前 20 次谐波相叠加的情况，观察吉布斯现象。

1）周期性锯齿波脉冲信号，假定 $E$=1V，$f_1$=5kHz,其傅里叶级数为

$$f(t)=\frac{E}{\pi}\left(\sin\omega_1 t-\frac{1}{2}\sin 2\omega_1 t+\frac{1}{3}\sin 3\omega_1 t-\frac{1}{4}\sin 4\omega_1 t+\cdots\right)$$

2）周期性矩形信号的 $\frac{\tau}{T_1}=\frac{1}{4}$，假定 $E$=1V，$f_1$=1kHz，其傅里叶级数为

$$f(t)=\frac{E\tau}{T_1}+\frac{2E\tau}{T_1}\sum_{n=1}^{\infty}\text{Sa}\left(\frac{n\pi\tau}{T_1}\right)\cos n\omega_1 t$$

### 2.6.5 实验预习

（1）认真阅读实验原理部分，明确本次实验的目的与基本方法。

（2）读懂例题程序，明确实验任务，根据实验任务预先编写程序。

### 2.6.6 实验报告

（1）列写上机调试已通过的实验程序。

（2）思考题：MATLAB 是如何进行傅里叶变换的？采用什么方法进行积分运算？

## 2.7 连续系统的零极点分析

### 2.7.1 实验目的

（1）观察连续系统的零极点对系统冲激响应的影响。

（2）了解连续系统的零极点与系统因果性、稳定性的关系。

（3）熟悉使用 MATLAB 进行连续系统的零极点分析时常用的子函数。

## 2.7.2 实验涉及的 MATLAB 子函数

### 1. pzmap

功能：显示 LTI 系统的零极点分布图。

调用格式：

pzmap (b,a)：绘制由行向量 **b** 和 **a** 构成的系统函数所确定的零极点分布图。

pzmap (p,z)：绘制由列向量 **z** 确定的零点、列向量 **p** 确定的极点构成的零极点分布图。

[p,z]= pzmap (b,a)：由行向量 **b** 和 **a** 构成的系统函数确定零极点。

### 2. roots

功能：求多项式的根。

调用格式：

r= roots(a)：由多项式的分子或分母系数向量求根向量。其中，多项式的分子或分母系数向量按降幂排列，得到的根向量为列向量。

### 3. zp2tf

功能：将系统函数的零–极点增益(zpk)模型转换为系统传递函数(tf)模型。

调用格式：

[num,den]=zp2tf(z,p,k)：输入零–极点增益（zpk）模型零点向量 **z**、极点向量 **p** 和增益系数 **k**，求系统函数（tf）模型中分子多项式（num）和分母多项式（den）系数向量。

其中，系统传递函数(tf)模型的表达式为

$$H(s) = \frac{B(s)}{A(s)} = \frac{b_0 s^m + b_1 s^{m-1} + \cdots + b_{m-1} s + b_m}{s^n + a_1 s^{n-1} + \cdots + a_{n-1} s + a_n}$$

系统函数的零–极点增益(zpk)模型的表达式为

$$H(s) = k \frac{(s - q_1)(s - q_2)\cdots(s - q_M)}{(s - p_1)(s - p_2)\cdots(s - p_N)}$$

### 4. tf2zp

功能：将系统传递函数(tf)模型转换为系统函数的零–极点增益(zpk)模型。

调用格式：

[z,p,k]=tf2zp(num,den)：输入系统传递函数模型中分子多项式（num）和分母多项式（den）系数向量，求系统函数的零–极点增益模型中零点向量 **z**、极点向量 **p** 和增益系数 **k**。其中，**z**、**p**、**k** 为列向量。

## 2.7.3 实验原理

### 1. 线性系统的稳定性

由理论分析可知，一个连续系统的稳定性由其自身的性质决定，与激励信号无关。系统的特性可以用系统函数 $H(s)$ 和系统的冲激响应 $h(t)$ 来表征。

因果系统可划分为三种情况：

（1）稳定系统。当 $H(s)$ 全部极点落在 $s$ 左半平面（不包括虚轴），满足

$$\lim_{t\to\infty}[h(t)]=0$$

则系统是稳定的。

（2）不稳定系统。当 $H(s)$ 的极点落在 $s$ 右半平面，或在虚轴上具有二阶以上的极点，经过足够长的时间后，$h(t)$ 仍在继续增长，则系统是不稳定的。

（3）临界稳定系统。如果 $H(s)$ 的极点落在 $s$ 平面虚轴上，且只有一阶，则经过足够长的时间后，$h(t)$ 趋于一个非零的数值或形成一个等幅振荡，处于前两种类型的临界情况。

$H(s)$ 的零点分布情况仅影响时域波形的幅度和相位，对系统的稳定性没有影响。

**2. 系统极点的位置对稳定性的影响**

系统函数 $H(s)$ 极点的位置对系统响应 $h(t)$ 有着非常明显的影响，下面举例说明系统的极点分别在不同位置时的情况，使用 MATLAB 提供的 pzmap 子函数制作零极点分布图对其进行分析。

【例 2-25】　研究极点落在 $s$ 左半平面时对系统响应的影响。

已知系统函数分别为

$$H_1(s)=\frac{1}{s+\alpha} \qquad (\alpha=1)$$

$$H_2(s)=\frac{1}{(s+\alpha)^2+\beta^2} \qquad (\alpha=1,\ \beta=4)$$

求这些系统的零极点分布图以及系统的冲激响应，并判断系统的稳定性。

**解：**整理上述系统函数可以得到

$$H_1(s)=\frac{1}{s+1}$$

其系统函数的系数 $b=[1]$，$a=[1,1]$；

$$H_2(s)=\frac{1}{s^2+2s+17}$$

其系统函数的系数 $b=[1]$，$a=[1,2,17]$。

求系统的零极点分布图以及系统的冲激响应程序如下。

```
%研究极点在 s 左半平面的影响
b1=[1];a1=[1,1];
subplot(2,2,1),pzmap(b1,a1);    %作 s 平面零极图
axis([-2,2,-1,1]);
title('极点在左半平面的位置');
subplot(2,2,2),impulse(b1,a1); %作系统冲激响应图
axis([0,5,0,1.2]);
title('对应的冲激响应');
b2=[1];a2=[1,2,17];
subplot(2,2,3),pzmap(b2,a2);    %作 s 平面零极图
axis([-2,2,-6,6]);
subplot(2,2,4),impulse(b2,a2); %作系统冲激响应图
axis([0,5,-0.1,0.2]);
```

由图 2-22 可知，以上两个系统 $H(s)$ 的极点均处于 $s$ 平面的左半平面，系统冲激响应

$h(t)$ 的曲线随着时间增长而收敛,该系统为稳定系统。

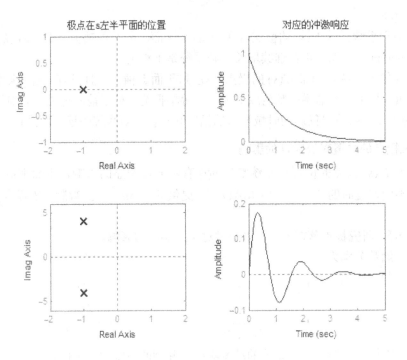

图 2-22    极点在 $s$ 左半平面的位置以及冲激响应

【例 2-26】    研究极点落在 $s$ 右平面时对系统响应的影响。

已知系统函数分别为

$$H_1(s) = \frac{1}{s - \alpha} \qquad (\alpha = 1)$$

$$H_2(s) = \frac{1}{(s - \alpha)^2 + \beta^2} \qquad (\alpha = 1, \ \beta = 4)$$

求这些系统的零极点分布图以及系统的冲激响应,并判断系统的稳定性。

**解**:求系统的零极点分布图以及系统的冲激响应程序如下。

```
%研究极点在 s 右半平面的影响
b1=[1];a1=[1,-1];
subplot(2,2,1),pzmap(b1,a1);        %作 s 平面零极图
axis([-2,2,-1,1]);
title('极点在右半平面的位置');
subplot(2,2,2),impulse(b1,a1);        %作系统冲激响应图
title('对应的冲激响应');
b2=[1];a2=[1,-2,17];
subplot(2,2,3),pzmap(b2,a2);        %作 s 平面零极图
axis([-2,2,-6,6]);
subplot(2,2,4),impulse(b2,a2);        %作系统冲激响应图
```

由图 2-23 可知,以上两个系统 $H(s)$ 的极点均处于 $s$ 平面的右半平面,系统冲激响应

$h(t)$ 的曲线随着时间增长而发散,该系统为不稳定系统。

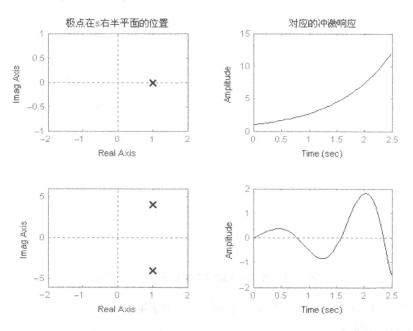

图 2-23　极点在 $s$ 右半平面的位置以及冲激响应

【例 2-27】　研究极点落在 $s$ 平面虚轴上时对系统响应的影响。

已知系统函数分别为

$$H_1(s) = \frac{1}{s}$$

$$H_2(s) = \frac{1}{s^2 + \beta^2} \qquad (\beta = 4)$$

求这些系统的零极点分布图以及系统的冲激响应,并判断系统的稳定性。

**解:** 求系统的零极点分布图以及系统的冲激响应程序如下。

```
%研究极点在 s 平面虚轴上的影响
b1=[1];a1=[1,0];
subplot(2,2,1),pzmap(b1,a1);          %作 s 平面零极图
axis([-2,2,-1,1]);
title('极点在 s 平面虚轴上的位置');
subplot(2,2,2),impulse(b1,a1);        %作系统冲激响应图
axis([0,1,0,2]);
title('对应的冲激响应');
b2=[1];a2=[1,0,16];
subplot(2,2,3),pzmap(b2,a2);          %作 s 平面零极图
axis([-2,2,-6,6]);
subplot(2,2,4),impulse(b2,a2);        %作系统冲激响应图
```

由图 2-24 可知,以上两个系统 $H(s)$ 的极点均处于 $s$ 平面的虚轴上,系统冲激响应 $h(t)$ 的曲线为等幅振荡,该系统处于临界状态。

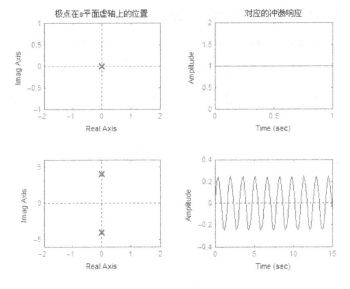

图 2-24 极点在 s 虚轴上的位置以及冲激响应

【例 2-28】 研究 $s$ 平面上多重极点对系统响应的影响。

已知系统的分别为

$$H_1(s) = \frac{1}{s^2}$$

$$H_2(s) = \frac{1}{(s+\alpha)^2} \qquad (\alpha = 1)$$

$$H_3(s) = \frac{1}{(s+\alpha)^2} \qquad (\alpha = -1)$$

$$H_4(s) = \frac{2\beta s}{(s^2 + \beta^2)^2} \qquad (\beta = 1)$$

求这些系统的零极点分布图以及系统的冲激响应，判断系统的稳定性。

**解：** 求系统的零极点分布图以及系统的冲激响应程序如下。

```
%研究多重极点在 s 平面上的分布与冲激响应波形
b1=[1]; a1=[1,0,0];
subplot(4,2,1),pzmap(b1,a1);          %作 s 平面零极图
axis([-2,2,-1,1]);
title('s 平面图');
subplot(4,2,2),impulse(b1,a1);        %作系统冲激响应图
title('系统的冲激响应');
b2=[1];a2=[1,2,1];
subplot(4,2,3),pzmap(b2,a2);          %作 s 平面零极图
axis([-2,2,-1,1]);
subplot(4,2,4),impulse(b2,a2);        %作系统冲激响应图
b3=[1];a3=[1,-2,1];
subplot(4,2,5),pzmap(b3,a3);          %作 s 平面零极图
axis([-2,2,-1,1]);
```

```
subplot(4,2,6),impulse(b3,a3);        %作系统冲激响应图
b4=[2,0];a4=[1,0,2,0,1];
subplot(4,2,7),pzmap(b4,a4);          %作 s 平面零极图
axis([-2,2,-1,1]);
subplot(4,2,8),impulse(b4,a4);        %作系统冲激响应图
```

与上述三个例题的不同是，图 2-25 中所有极点均为二阶极点。由图可见，当 $H(s)$ 的极点落在 $s$ 左半平面时， $h(t)$ 波形为衰减形式；当 $H(s)$ 的极点落在 $s$ 右半平面时， $h(t)$ 波形为增长形式；落于虚轴上的一阶极点对应的 $h(t)$ 成等幅振荡或阶跃，而虚轴上的二阶极点将使 $h(t)$ 呈增长形式。

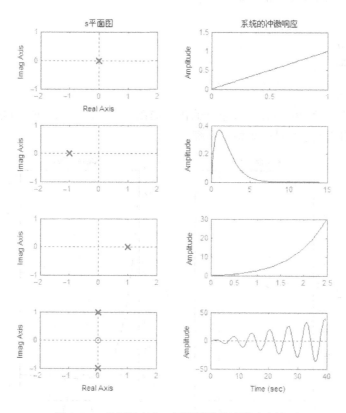

图 2-25　多重极点在 $s$ 平面图及其冲激响应波形

### 3. 系统的因果稳定性实例分析

pzmap 子函数除了可以根据 $H(s)$ 的系数直接作零极点图外，还可以用于求出零极点的值。另外，在 MATLAB 中提供了 roots 子函数，用于求多项式的根，即可以用于求零极点的值，有助于进行系统因果性稳定性的分析。

【例 2-29】 已知连续时间系统函数为

$$H(s) = \frac{4s + 5}{s^2 + 5s + 6}$$

求该系统的零极点及零极点分布图，并判断系统的因果稳定性。

**解**：该题给出的公式是按的降幂排列，MATLAB 程序如下。

```
b=[4,5];a=[1,5,6];
rp=roots(a)
rz=roots(b)
%[rp,rz]=pzmap(b,a)        可替换前两句
subplot(1,2,1),pzmap(b,a);            %作 s 平面零极图
axis([-4,1,-1,1]);
title('系统的 s 平面图');
subplot(1,2,2),impulse(b,a);            %作系统冲激响应图
title('系统的冲激响应');
```

程序运行后再 MATLAB 命令窗可以看到

```
rp =
    -3.0000
    -2.0000
rz =
    -1.2500
```

由运行结果和图 2-26 可知，该系统的极点均在左半平面，系统的冲激响应曲线随着时间增大而收敛，因此该系统是因果稳定系统。

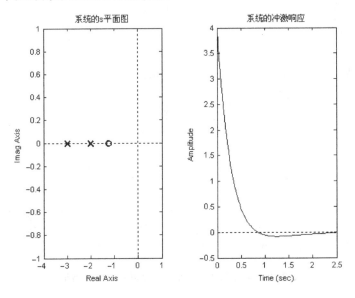

图 2-26　例 2-29 的 s 平面图及其冲激响应波形

【例 2-30】　已知连续时间系统函数为

$$H(s) = \frac{(s+2)}{(s+1)(s-2)(s+3)}$$

求该系统的零极点及零极点分布图，并判断系统的因果稳定性。

**解：** MATLAB 程序如下。

```
z=[-2]'
p=[-1,2,-3]'
```

```
k=1
subplot(1,2,1),pzmap(p,z);        %作 s 平面零极图
axis([-4,4,-1,1]);
title('系统的 s 平面图');
[b,a]=zp2tf(z,p,k)                      %由 zpk 求 b、a 系数
subplot(1,2,2),impulse(b,a);   %作系统冲激响应图
title('系统的冲激响应');
```

程序运行后在 MATLAB 命令窗可以看到

```
z =
     -2
p =
     -1
      2
     -3
k =
      1
b =
      0      0      1      2
a =
      1      2     -5     -6
```

　　由运行结果和图 2-27 可知，该系统有一个极点在 s 右半平面，系统的冲激响应曲线随着时间增大而发散，因此，该系统不是因果稳定系统。

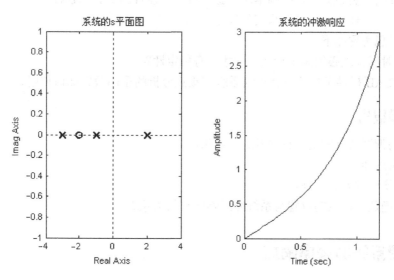

图 2-27　例 2-30 的 s 平面图与系统冲激响应

## 2.7.4　实验任务

　　（1）阅读并输入实验原理中介绍的例题程序，理解每一条程序的含义，观察程序的输出结果，理解零极点对系统特性的影响。

（2）已知系统函数分别为

$$H_1(s) = \frac{s}{s^2 + s}$$

$$H_2(s) = \frac{5s^2 + 8s + 2}{7s^2 + 3s + 4}$$

$$H_3(s) = \frac{7s + 1}{s^2 + 3s + 2}$$

$$H_4(s) = \frac{4s}{s^4 + 2s^3 - 3s^2 + 4s + 5}$$

求这些系统的零极点、零极点分布图以及系统的冲激响应，并判断系统的稳定性。

（3）已知连续时间系统函数分别为

$$H_1(s) = \frac{5(s-1)(s+3)}{(s-2)(s+4)}$$

$$H_2(s) = \frac{s+3}{(s+1)^2(s+2)}$$

$$H_3(s) = \frac{1}{(s+1)^3}$$

求该系统的零极点分布图以及系统的冲激响应，并判断系统的稳定性。

### 2.7.5　实验预习

（1）认真阅读实验原理，明确本次实验任务，读懂各函数和例题程序，了解实验方法。

（2）根据实验任务，预先编写实验程序。

（3）预习思考题如下：

1）连续时间系统必须满足什么条件才具有稳定性？

2）MATLAB 提供了哪些进行连续系统零极点分析的子函数？如何使用？

### 2.7.6　实验报告

（1）列写调试通过的实验程序及运行结果。

（2）思考题如下：

1）回答实验预习思考题。

2）系统函数零极点的位置与系统冲激响应有何关系？

## 2.8　连续系统的频率响应

### 2.8.1　实验目的

（1）加深对连续系统的频率响应特性基本概念的理解。

（2）了解连续系统的零极点与频响特性之间的关系。

（3）熟悉 MATLAB 进行连续系统分析频响特性的常用子函数,掌握连续系统的幅频响应和相频响应的求解方法。

## 2.8.2 实验涉及的 MATLAB 子函数

### 1. freqs

功能：连续时间系统的频率响应。

调用格式：

h=freqs(b,a,w); 用于计算连续时间系统的复频率响应，其中，实矢量 $w$ 用于指定频率值。

[h,w]=freqs(b,a); 自动设定 200 个频率点来计算频率响应，将 200 个频率值记录在 $w$ 中。

[h,w]=freqs(b,a,n); 设定 $n$ 个频率点计算频率响应。

freqs(b,a); 不带输出变量的 freqs 函数，将在当前图形窗口中描绘幅频和相频曲线。

说明：freqs 用于计算由矢量 $a$ 和 $b$ 构成的连续时间系统的复频响应 $H(\mathrm{j}\omega)$，系统函数表达式为

$$H(s) = \frac{B(s)}{A(s)} = \frac{b_0 s^m + b_1 s^{m-1} + \cdots + b_{m-1}s + b_m}{s^n + a_1 s^{n-1} + \cdots + a_{n-1}s + a_n}$$

其系统函数的系数 $b = [b_0, b_1, b_2, \cdots b_m]$，$a = [a_0, a_1, a_2, \cdots a_n]$。

### 2. angle

功能：求相角。

调用格式：

p=angle(h); 用于求取复矢量或复矩阵 $h$ 的相角（以弧度为单位），相角介于$-\pi \sim \pi$之间。

## 2.8.3 实验原理

### 1. 连续时间系统频率响应的基本概念

已知系统函数 $H(s)$ 的零-极点增益（zpk）模型的表达式为

$$H(s) = K \frac{\prod\limits_{j=1}^{m}(s - z_j)}{\prod\limits_{i=1}^{n}(s - p_i)}$$

取 $s = \mathrm{j}\omega$，即在 $s$ 平面中 $s$ 沿虚轴移动，得到系统的频响函数为

$$H(\mathrm{j}\omega) = K \frac{\prod\limits_{j=1}^{m}(\mathrm{j}\omega - z_j)}{\prod\limits_{i=1}^{n}(\mathrm{j}\omega - p_i)} = K \frac{\prod\limits_{j=1}^{m} N_j \mathrm{e}^{\mathrm{j}\psi_j}}{\prod\limits_{i=1}^{n} M_i \mathrm{e}^{\mathrm{j}\theta_i}} = \left| H(\mathrm{j}\omega) \right| \mathrm{e}^{\mathrm{j}\varphi(\omega)}$$

其中，系统的幅度频响特性为

$$|H(\mathrm{j}\omega)| = K\frac{\prod\limits_{j=1}^{m}N_j}{\prod\limits_{i=1}^{n}M_i}$$

系统的相位频响特性为

$$\varphi(\omega) = \sum_{j=1}^{m}\psi_j - \sum_{i=1}^{n}\theta_i$$

由此可见，系统函数与频率响应有着密切的联系。频率特性取决于零极点的分布，适当地控制系统函数的极点、零点的位置，可以改变系统的频率响应特性。

### 2．系统的频率响应特性

MATLAB 为求解连续系统的频率响应和离散系统的频率响应，分别提供了 freqs 和 freqz 两条函数，使用方法类似。本实验主要讨论连续系统的频率响应的求解方法。

【例 2-31】 已知 $RC$ 一阶高通电路图如图 1-10 所示，已知 $R = 200\Omega$，$C = 0.47\mu\mathrm{F}$。求其系统函数、幅度频率响应与相位频率响应。

**解：** 该高通电路的系统函数 $H(s)$ 为

$$H(s) = \frac{U_R(s)}{U(s)} = \frac{R}{R + \dfrac{1}{sC}} = \frac{sRC}{sRC+1}$$

用 MATLAB 求幅度频率响应与相位频率响应程序如下。

```
r=200;c=0.47e-6;
b=[r*c,0];
a=[r*c,1];
freqs(b,a);
```

由图 2-28 可知，以上程序采用了 freqs 不带输出向量的形式，直接出图，显示的图形还不能够很全面地反映幅频和相频特性。为此，需要使用 freqs 的其他形式。

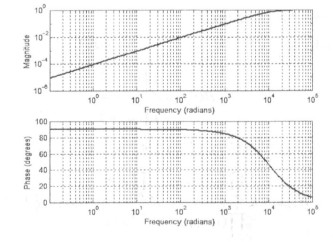

图 2-28　$RC$ 高通滤波器幅频响应与相频响应

将上述程序改为

```
r=200;c=0.47e-6;
b=[r*c,0];
a=[r*c,1];
w=0:40000;
h=freqs(b,a,w);
subplot(2,1,1),plot(w,abs(h)); grid  %作系统的幅度频响图
ylabel('幅度');
subplot(2,1,2),plot(w,angle(h)/pi*180); grid %作系统的相位频响图
ylabel('相位');xlabel('角频率/(rad/s)');
```

由图 2-29 可知，此时图形能较全面地反映高通滤波器的幅频特性和相频特性，而且横轴采用实际频率表示，更符合实验中实际测量的情况。

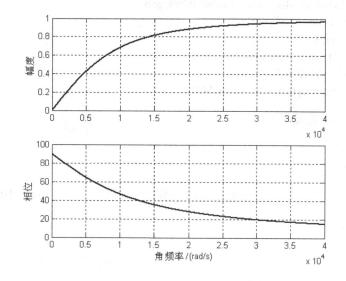

图 2-29　程序改进后的 RC 高通滤波器幅频响应与相频响应

### 3. 系统频响特性曲线与零极点分布图

【例 2-32】 已知二阶 RLC 并联电路如图 2-30 所示。其中 $R = 200\Omega$ ， $C = 0.47\mu F$ ， $L = 22mH$ 。列写该电路的系统函数，并求该系统的幅度频率响应、相位频率响应、谐振频率点以及零极点分布图。

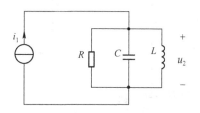

图 2-30　RLC 并联电路

**解:** 由电路原理图可以写出系统函数

$$Z(s) = \frac{U_2(s)}{I_1(s)} = \frac{1}{\frac{1}{R} + Cs + \frac{1}{Ls}} = \frac{s}{Cs^2 + \frac{1}{R}s + \frac{1}{L}}$$

求幅度频率响应、相位频率响应和零极点分布图程序如下。

```
r=200;c=0.47e-6;l=22e-3;
b=[1,0];
a=[c,1/r,1/l];
w0=1/(sqrt(l*c))
w=0:30000;
h=freqs(b,a,w);
%作幅度频响图
subplot(2,2,1),plot(w,abs(h),w0,max(abs(h)),'*r'); grid
ylabel('幅度');title('系统的频响特性')
%作相位频响图
subplot(2,3,3),plot(w,angle(h)/pi*180); grid
ylabel('相位');xlabel('角频率/(rad/s)');
subplot(1,2,2),pzmap(b,a);title('系统的零极点分布')
```

在 MATLAB 命令窗显示

```
w0 =
    9.8342e+003
```

由图 2-31 可知，该系统是一个谐振电路。谐振频率点在 $\omega_0 = 9.8342 \times 10^3 \text{rad/s}$ 处。

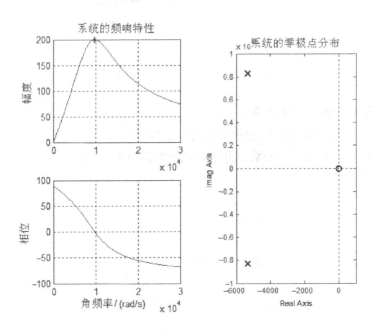

图 2-31　例 2-32 系统的幅频响应、相频响应和零极点分布图

【例 2-33】 已知一个 $LC$ 电路如图 2-32 所示。其中 $C_1 = 1F$，$C_2 = 1F$，$L = 1H$。列写该电路的系统函数，并求该系统的幅度频率响应、相位频率响应、谐振频率点以及零极点分布图。

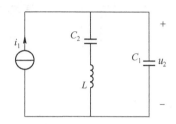

图 2-32　例 2-33 $LC$ 电路

**解：** 由电路原理图可以写出系统函数

$$Z(s) = \frac{U_2(s)}{I_1(s)} = \frac{\dfrac{1}{sC_1}\left(sL + \dfrac{1}{sC_2}\right)}{\dfrac{1}{sC_1} + \left(sL + \dfrac{1}{sC_2}\right)} = \frac{s^2 LC_2 + 1}{s^3 LC_1 C_2 + s(C_1 + C_2)} = k\frac{s^2 + \omega_1^2}{s(s^2 + \omega_2^2)}$$

式中，$\omega_1 = 1/\sqrt{LC_2}$；$\omega_2 = 1/\sqrt{LC_1 C_2/(C_1 + C_2)}$。

求幅度频率响应、相位频率响应和零极点分布图程序如下。

```
c1=1;c2=1;l=1;
b=[l*c2,0,1];
a=[l*c1*c2,0,c1+c2,0];
w1=1/(sqrt(l*c2))
w2=1/(sqrt(l*(c1*c2/(c1+c2))))
w=linspace(0,2,501);
h=freqs(b,a,w);
%[h,w]=freqs(b,a);
subplot(2,2,1),plot(w,abs(h)); grid              %作幅度频响图
axis([0,2,0,100]);
ylabel('幅度');title('系统的频响特性')
subplot(2,2,3),plot(w,angle(h)/pi*180); grid     %作相位频响图
axis([0,2,-100,100]);
ylabel('相位');xlabel('角频率/(rad/s)');
subplot(1,2,2),pzmap(b,a);title('系统的零极点分布')
```

在 MATLAB 命令窗显示

```
w1 =
     1
w2 =
     1.4142
```

由图 2-33 可知，该系统是一个具有共轭极点和共轭零点的谐振电路。频率在 $\pm j\omega_1$ 处有

一对共轭零点，频率在 0 处有一极点，在 $\pm j\omega_2$ 处有一对共轭极点。

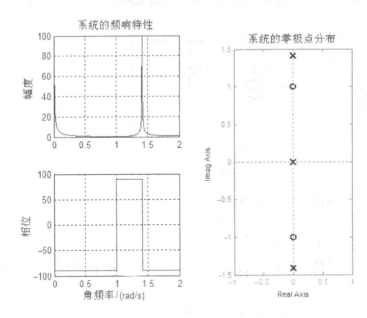

图 2-33　例 2-33 系统的幅频响应、相频响应和零极点分布图

### 4．求解频率响应的实用程序

在实际使用 freqs 进行连续系统频率响应分析时，通常需要求解幅频响应、相频响应，幅频响应又分为绝对幅频和相对幅频两种表示方法。这里介绍一个求解频率响应的实用程序 freqs_m.m。利用这个程序，可以方便地满足上述要求。

```
function [db,mag,pha,w]=freqs_m(b,a,wmax);
w=[0:500]*wmax/500;
H=freqs(b,a,w);
mag=abs(H);
db=20*log10((mag+eps)/max(mag));
pha=angle(H);
```

freqs_m 子函数是 freqs 函数的修正函数，可获得幅值响应（绝对和相对）、相位响应。其中，*db* 记录了一组对应 0～*wmax* 频率区域的相对幅值响应（电压电平）值；*mag* 记录了一组对应 0～*wmax* 频率区域的绝对幅值响应值；*pha* 记录了一组对应 0～*wmax* 频率区域的相位响应值；*w* 中记录了对应 0～*wmax* 频率区域的 500 个频点的频率值；*wmax* 是指以 rad/s 为单位的最高频率值。

下面举例说明其使用方法。

【例 2-34】　已知一个二阶 *LC* 电路如图 2-34 所示。其中 $C_1 = 1F$，$L_1 = 2H$，$C_2 = 2F$，$L_2 = 5H$。列写该电路的系统函数，并求该系统的绝对幅频响应、相对幅频响应、相位频率响应以及零极点分布图。

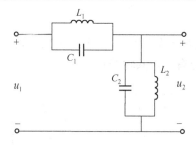

图 2-34　例 2-34 二阶 $LC$ 电路

**解：** 由电路原理图可以写出系统函数

$$H(s)=\frac{U_2(s)}{U_1(s)}=\frac{\dfrac{1}{sC_2+\dfrac{1}{sL_2}}}{\dfrac{1}{sC_1+\dfrac{1}{sL_1}}+\dfrac{1}{sC_2+\dfrac{1}{sL_2}}}=\frac{s^2L_1L_2C_1+L_2}{s^2[L_1L_2(C_1+C_2)]+(L_1+L_2)}=k\frac{s^2+\omega_1^2}{s^2+\omega_2^2}$$

式中，　　$\omega_1=1/\sqrt{L_1C_1}$ ，　　$\omega_2=1/\sqrt{L_1L_2(C_1+C_2)/(L_1+L_2)}$ 。

MATLAB 程序如下，响应曲线如图 2-35 所示。

```
c1=1;l1=2;c2=2;l2=5;
b=[l1*l2*c1,0,l2];
a=[l1*l2*(c1+c2),0,l1+l2];
w1=1/(sqrt(l1*c1))
w2=1/(sqrt(l1*l2*(c1+c2)/(l1+l2)))
[db,mag,pha,w]=freqs_m(b,a,1);
subplot(2,2,1),plot(w,db);    %作相对幅度频响图
set(gca,'XTickMode','manual','XTick',[w2,w1]); %用虚线标注x轴上特殊点
set(gca,'YTickMode','manual','YTick',[-50]);grid %虚线标注y轴上特殊点
ylabel('幅度/db');
subplot(2,2,2),plot(w,mag);    %作绝对幅度频响图
set(gca,'XTickMode','manual','XTick',[w2,w1]);
set(gca,'YTickMode','manual','YTick',[0,50,100]);grid
ylabel('幅度/V');
subplot(2,2,3),plot(w,pha/pi*180);    %作相位频响图
set(gca,'XTickMode','manual','XTick',[w2,w1]);
set(gca,'YTickMode','manual','YTick',[0,90,180]);grid
ylabel('相位');xlabel('角频率/(rad/s)');
subplot(2,2,4),pzmap(b,a);
```

在 MATLAB 命令窗显示

```
w1 =
    0.7071
w2 =
```

0.4830

由图 2-35 可知，该系统是一个具有共轭极点和共轭零点的谐振电路。频率在 $\pm j\omega_1$ 处有一对共轭零点，频率在 $\pm j\omega_2$ 处有一对共轭极点。

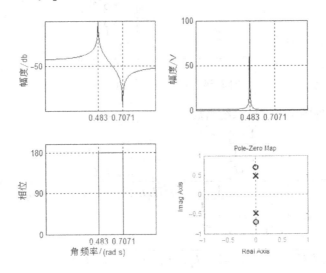

图 2-35　例 2-34 用 freqs_m 子函数求系统的频率响应

## 2.8.4　实验任务

（1）阅读并输入实验原理中介绍的例题程序，理解每一条程序的含义，观察程序输出图形，并通过图形了解系统频率响应的概念，分析系统零极点对频率响应的影响。

（2）已知 $RL$ 一阶电路如图 1-8 所示，已知 $R=1\text{k}\Omega$ ，$L=15\text{mH}$ 。求当电阻两端电压作为响应时，其系统函数、幅度频率响应与相位频率响应。

（3）已知一 $RLC$ 电路如图 2-36 所示。其中，$R=10\Omega$ ，$C=0.1\mu\text{F}$ ，$L=20\text{mH}$ 。列写该电路的系统函数，并求该系统的幅度频率响应、相位频率响应、谐振频率点以及零极点分布图。

（4）已知一个 $LC$ 电路如图 2-37 所示。其中，$C=1\text{F}$ ，$L_1=1\text{H}$ ，$L_2=1\text{H}$ 。列写该电路的系统函数，并求该系统的幅度频率响应、相位频率响应、谐振频率点以及零极点分布图。

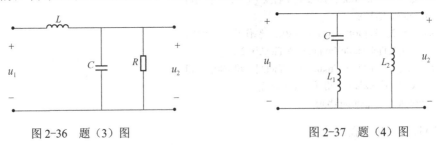

图 2-36　题（3）图　　　　　　　　　图 2-37　题（4）图

（5）已知一个二阶 $LC$ 电路如图 2-38 所示。其中 $C_1=1\text{F}$ ，$L_1=2\text{H}$ ，$C_2=2\text{F}$ ，$L_2=6\text{H}$ 。列写该电路的系统函数，并求该系统的绝对幅频响应、相对幅频响应、相位频率响应以及零极点分布图。

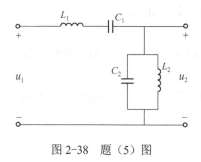

图 2-38　题（5）图

### 2.8.5　实验预习

（1）认真阅读实验原理，明确本次实验任务，读懂各函数和例题程序，了解实验方法。

（2）根据实验任务，预先编写实验程序。

（3）预习思考题：利用 MATLAB，如何求解连续系统的幅频响应和相频响应？

### 2.8.6　实验报告

（1）列写调试通过的实验程序及运行结果。

（2）思考题如下：

1）回答实验预习思考题。

2）连续系统的零极点对系统幅度频率响应有何影响？

## 2.9　离散时间信号与信号的频谱分析(FFT)

### 2.9.1　实验目的

（1）初步掌握 MATLAB 产生常用离散时间信号的编程方法。

（2）学习编写简单的 FFT 算法程序，对离散信号进行频谱分析。

（3）观察离散时间信号频谱的特点。

### 2.9.2　实验涉及的 MATLAB 子函数

#### 1. fft

功能：一维快速傅里叶变换（FFT）。

调用格式：

y=fft(x)；利用 FFT 算法计算矢量 $x$ 的离散傅里叶变换，当 $x$ 为矩阵时，$y$ 为矩阵 $x$ 每一列的 FFT。当 $x$ 的长度为 2 的幂次方时，则 fft 函数采用基 2 的 FFT 算法，否则采用稍慢的混合基算法。

y=fft(x，n)；采用 $n$ 点 FFT 算法。当 $x$ 的长度小于 $n$ 时，fft 函数在 $x$ 的尾部补零，以构成 $n$ 点数据；当 $x$ 的长度大于 $n$ 时，fft 函数会截断序列 $x$。当 $x$ 为矩阵时，fft 函数按类似的方式处理列长度。

### 2．ifft

功能：一维逆快速傅里叶变换（IFFT）。

调用格式：

y=ifft(x)；用于计算矢量 $x$ 的 IFFT。当 $x$ 为矩阵时，计算所得的 $y$ 为矩阵 $x$ 中每一列的 IFFT。

y=ifft(x，n)；采用 $n$ 点 IFFT 算法。当 length($x$)< $n$ 时，在 $x$ 中补零；当 length($x$)> $n$ 时，将 $x$ 截断，使 length($x$)=n。

### 3．fftshift

功能：对 fft 的输出进行重新排列，将零频分量移到频谱的中心。

调用格式：

y=fftshift(x)；对 fft 的输出进行重新排列，将零频分量移到频谱的中心。

当 $x$ 为向量时，fftshift($x$)直接将 $x$ 中的左右两半交换产生 $y$。

当 $x$ 为矩阵时，fftshift($x$)先将 $x$ 的左右两半进行交换，再将上下两举交换生成 $y$。

## 2.9.3　实验原理

### 1．离散信号的概念

在时间轴的离散点上取值的信号，称为离散时间信号。通常，离散时间信号用 $x(n)$ 表示，其幅度可以在某一范围内连续取值。

由于实际使用中的离散信号往往由计算机或专用的信号处理芯片等产生，通常以有限的位数来表示信号的幅度。因此，信号的幅度也必须"量化"，即取离散值。因此，把时间和幅度上均取离散值的信号称为时域离散信号或数字信号。

本书主要研究的离散信号仅为在时间轴的离散点上取值的信号，不考虑其幅度上的量化问题。即是离散时间信号，而不是严格意义上的数字信号。

### 2．生成离散时间信号须注意的问题

MATLAB 中处理的数组，对下标的约定为从 1 开始递增，例如 $x$=[5,4,3,2,1,0],表示 $x(1)=5,x(2)=4,x(3)=3,\cdots$

因此，要表示一个下标不由 1 开始的数组 $x(n)$，一般应采用两个矢量。

【例 2-35】　有一个离散时间信号，已知

$n$=[-3,-2,-1,0,1,2,3,4,5];
$x$=[1,-1,-3,2,0,4,-2,2,1];

请分析上述两式的意义，并用 MATLAB 作图。

**解：**上述两式表示了一个含 9 个采样点的矢量 $x(n)$=[$x(-3)$，$x(-2)$，$x(-1)$，$x(0)$，$x(1)$，$x(2)$，$x(3)$，$x(4)$，$x(5)$]。即 $x(-3)=1$, $x(-2)=-1$, $x(-1)=-3,\cdots$, $x(5)=1$，用 MATLAB 作图，仅需再加一条程序 stem(n, x)即可得到图 2-39。

在 MATLAB 中，离散信号与连续信号有时在程序编写上是一致的，只是在作图时选用不同的绘图函数。连续信号作图时往往使用 plot 函数，绘制线性图；离散信号作图则使用

stem函数，绘制脉冲杆图。

在MATLAB语言中，离散时间信号可以通过编写程序直接生成，也可以通过对连续信号等间隔抽样获得。由抽样得到的离散信号只有在一定的抽样条件下，才能反映原连续时间信号的基本特征。本实验均选用满足抽样条件的样点数值。

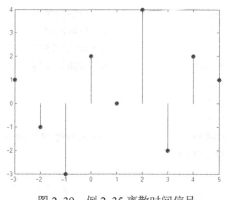

图2-39　例2-35 离散时间信号

### 3. 离散信号的产生

常用的时域离散信号如下：

（1）单位取样序列

$$\delta(n) = \begin{cases} 1 & n = 0 \\ 0 & n \neq 0 \end{cases} \qquad 或 \qquad \delta(n-k) = \begin{cases} 1 & n = k \\ 0 & n \neq k \end{cases}$$

（2）单位阶跃序列

$$u(n) = \begin{cases} 1 & n \geqslant 0 \\ 0 & n < 0 \end{cases} \qquad 或 \qquad u(n-k) = \begin{cases} 1 & n \geqslant k \\ 0 & n < k \end{cases}$$

（3）实指数序列

$$x(n) = a^n \qquad (a为实数)$$

（4）复指数序列

$$x(n) = \begin{cases} e^{(\sigma + j\omega)n} & n \geqslant 0 \\ 0 & n < 0 \end{cases}$$

（5）正（余）弦序列

$$x(n) = U_m \sin(\omega_0 n + \theta)$$

（6）周期序列

$$x(n) = x(n + N)$$

除此之外，常用的典型信号还有锯齿波序列、矩形波序列、Sa函数、随机序列等。

【例2-36】　编写MATLAB程序来产生下列基本脉冲序列：

（1）单位脉冲序列。起点 $n_0=0$，终点 $n_f=10$，在 $n_s=3$ 处有一单位脉冲。

（2）单位阶跃序列。起点 $n_0=0$，终点 $n_f=10$，在 $n_s=3$ 前为0，在 $n_s$ 处及以后为1。

（3）实数指数序列。

$$x_3 = (0.75)^n$$

（4）复数指数序列。

$$x_4 = e^{(-0.2+0.7j)n}$$

**解：** MATLAB 程序及结果如下，运行结果如图 2-40 所示。

```
n0=0;nf=10;ns=3;
n1=n0:nf;x1=[(n1-ns)==0];                    %单位脉冲序列
n2=n0:nf;x2=[(n2-ns)>=0];                     %单位阶跃序列
n3=n0:nf;x3=(0.75).^n3;                       %实数指数序列
n4=n0:nf;x4=exp((-0.2+0.7j)*n4);              %复数指数序列
subplot(2,2,1),stem(n1,x1);
subplot(2,2,2),stem(n2,x2);
subplot(2,2,3),stem(n3,x3);
subplot(4,2,6),stem(n4,real(x4));             %注意 subplot 的输入变元
subplot(4,2,8),stem(n4,imag(x4));
```

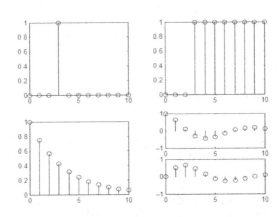

图 2-40　例 2-36 基本脉冲序列

**【例 2-37】** 一个连续的锯齿波信号频率为 1Hz，振幅值幅度为 1V，在窗口上显示两个周期的信号波形，对它进行 32 点采样以获得离散信号，试显示原信号和其采样获得的离散信号波形。

**解：** MATLAB 程序及结果如下，运行结果如图 2-41 所示。

```
f=1;Um=1;nt=2;                               %输入信号频率、振幅和显示周期个数
N=32;T=nt/f;                                 %N 为采样点数，T 为窗口显示时间
dt=T/N;                                      %采样时间间隔
n=0:N-1;
t=n*dt;
xn=Um*sawtooth(2*f*pi*t);                    %产生时域信号
subplot(2,1,1);plot(t,xn);                   %显示原信号
axis([0 T 1.1*min(xn) 1.1*max(xn)]);
ylabel('x(t)');
subplot(2,1,2);stem(t,xn);                   %显示经采样的信号
axis([0 T 1.1*min(xn) 1.1*max(xn)]);
ylabel('x(n)');
```

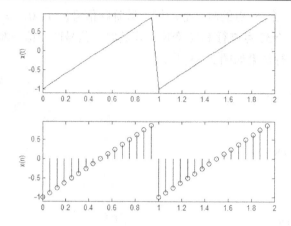

图 2-41　例 2-37 连续信号与其经采样获得的离散信号

### 4. 用 FFT 求解离散信号的频谱

MATLAB 语言提供了一些分析信号频谱的有效工具，其中，使用 FFT 子函数是一种方便快捷的方法。

【**例 2-38**】 已知一个 8 点的时域非周期离散 $\delta(n-n_0)$ 信号，$n_0=1$，用 $N=32$ 点进行 FFT 变换，作其时域信号图及信号频谱图。

**解**：MATLAB 程序及运行结果如下，运行结果如图 2-42 所示。

```
n0=1;n1=0;n2=7;N=32;
n=n1:n2;
x=[(n-n0)==0];                    %建立时间信号
subplot(2,1,1);stem(n,x);
i=0:N-1;                          %频率样点自 0 开始
y=fft(x,N);
aw=abs(y);                        %求幅度谱
subplot(2,1,2);plot(i,aw);
```

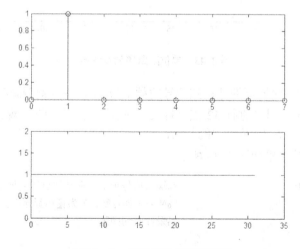

图 2-42　单位脉冲序列及频谱

【例2-39】 已知一个 8 点的时域非周期离散阶跃信号，$n_1=0$，$n_2=7$，在 $n_0=4$ 前幅值为 0，$n_0$ 以后为 1。用 $N=32$ 点进行 FFT 变换，作其时域信号图及信号频谱图。

**解：** 程序如下，运行结果如图 2-43 所示。

```
n0=4;n1=0;n2=7;N=32;
n=n1:n2;
x=[(n-n0)>=0];
subplot(2,1,1);stem(n,x);
i=0:N-1;
y=fft(x,N);
aw=abs(y);
subplot(2,1,2);plot(i,aw);
```

**注意：** 以上程序求出的信号频谱是关于采样频率的一半（$F_S/2$）对称的，即显示的是频率从 $0 \sim F_S$ 的一个周期内的频谱。如果需要求频率对应 $-F_S/2 \sim F_S/2$ 的一个周期内的频谱，则可以使用 fftshift 命令进行位移（见例 2-40）。

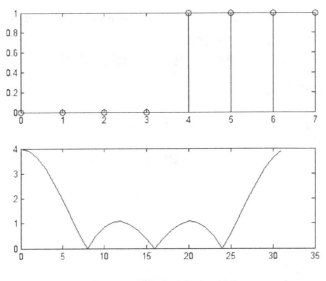

图 2-43　单位阶跃序列及频谱

【例2-40】 已知一时域周期性正弦信号的频率为 1Hz，振幅值幅度为 1V，在窗口上显示一个周期的信号波形，对其进行 32 点采样后，进行 32 点的 FFT，观察其时域信号、信号频率在 $0 \sim F_S$ 和 $-F_S/2 \sim F_S/2$ 范围内的频谱。

**解：** 程序如下，其结果如图 2-44 所示。

```
f=1;Um=1;nt=1;          %输入信号频率、振幅和显示周期个数
N=32;T=nt/f;            %N 为采样点数，T 为窗口显示时间
dt=T/N;                %采样时间间隔
n=0:N-1;
```

```
t=n*dt;
xn=Um*sin(2*f*pi*t);                %产生时域信号
subplot(3,1,1);stem(t,xn);           %显示时域信号
axis([0 T 1.1*min(xn) 1.1*max(xn)]);
ylabel('x(n)');
i=0:N-1;
y=fft(xn,N);
AW=abs(y);                          %用 FFT 子函数求信号的频谱
AW0=fftshift(AW);
subplot(3,1,2);stem(i,AW,'k');        %显示信号的频谱
ylabel('|X(k)|');
subplot(3,1,3);stem(i,AW0,'k');       %显示零频分量为中心的频谱
ylabel('|X(k)|');
```

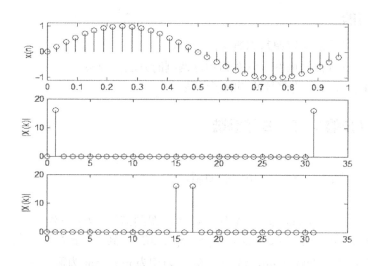

图 2-44　离散的周期性正弦信号与频谱

## 2.9.4　实验任务

（1）运行实验原理中介绍的例题程序，读懂每一条程序的含义，熟悉 MATLAB 中离散信号和频谱分析常用的子函数。

（2）编写求解例 2-36 中的单位阶跃序列频谱的程序，并显示其时间信号及其频谱曲线。

（3）编写求解例 2-36 中的实数指数序列频谱的程序，并显示其时间信号及其频谱曲线。

（4）一个用 square 产生的方波信号频率为 100Hz，幅值为 2V，要求对其进行 32 点的采样并进行 FFT 运算，显示采样后的时间信号及其频谱图。

（5）一个用 sawtooth 产生的三角波信号频率为 20Hz，幅值为 1V，要求对其进行 64 点的采样并进行 FFT 运算，显示采样后的时间信号及其频谱图。

### 2.9.5  实验预习

（1）认真阅读实验原理，明确本次实验任务，读懂各函数和例题程序，了解实验方法。

（2）根据实验任务，预先编写实验程序。

### 2.9.6  实验报告

（1）列写通过调试的实验程序。

（2）离散时间信号的频谱有何特点，与连续信号的频谱相比有何异同？

## 2.10  信号的调制与解调

### 2.10.1  实验目的

（1）加深对信号调制与解调基本概念的理解。

（2）初步掌握进行信号幅度、频率和相位调制的方法，观察调制波形。

（3）了解 MATLAB 有关信号调制的子函数。

### 2.10.2  实验涉及的 MATLAB 子函数

modulate

功能：进行信号幅度、频率或相位的调制。

调用格式：

Y=modulate(X,Fc,Fs,method,opt);式中，X 为被调制信号；$F_C$ 为载波信号的频率，$F_S$ 是对载波信号进行采样的频率。$F_S$ 须满足 $F_S > 2F_C + BW$，其中，$BW$ 为原信号 X 的带宽。method 为调制的方式，调幅为 am，调频为 fm，调相为 pm。opt 为额外的可选参数，由调制方式确定。

[Y,t]=modulate(X,Fc,Fs,method,opt);

式中，$t$ 为与 $Y$ 等长的时间相量。

### 2.10.3  实验原理

由相关理论可已知，信号若要从发射端传输到接收端，就必须进行频率搬移。调制的作用就是进行各种信号的频谱搬移，使其托附在不同频率的载波上，与其他信号互不重叠，占据不同的频率范围，在同一信道内进行互不干扰的传输，实现多路通信。

信号的调制分为幅度调制，频率调制和相位调制。

#### 1. 信号的幅度调制与解调

信号的幅度调制实际上就是将原时域基带信号与载波信号进行相乘运算，解调则是用已调制信号与载波信号进行相乘运算，然后用低通滤波器将原信号分解出来。

【例 2-41】  已知一个基带信号为

$$g(t) = 3\sin(\omega_0 t) \qquad (\omega_0 = 6)$$

在发射端被调制成频带信号 $f(t) = g(t)\cos(\omega_c t)$ 　　$(\omega_c = 60)$

在接收端信号被解调为 $g_0(t) = f(t)\cos(\omega_c t)$

通过低通滤波器

$$H(\mathrm{j}\omega) = \begin{cases} 1 & |\omega| < 2\omega_0 + 10 \\ 0 & \text{其他} \end{cases}$$

恢复出基带信号 $g_1(t)$，并描绘上述各信号的时域波形和频域波形，其中，采样点数 $N$ 取 1000。

**解：** 参考程序如下，程序采用傅里叶变换进行频谱的求解，运行结果如图 2-45 所示。

```
omg0=6;omgc=60;
N=1000;tf=4*pi/omg0;              %N 为采样点数，tf 为时间窗
OMG=3*omgc;d1=2*omg0+10;          %OMG 为信号频谱宽度,d1 为低通滤波器频谱宽度
t=linspace(0,tf,N);              %建立时间序列
g=3*sin(omg0*t);                 %生成原时域基带信号 g(t)
f=g.*cos(omgc*t);                %进行幅度调制,得到已调制信号 f(t)
g0=f.*cos(omgc*t);               %进行解调,得到解调信号 g0(t)
dt=tf/N;                         %求两个时间采样点的间隔
w=linspace(-OMG,OMG,N);          %建立频率序列
G=g*exp(-j*t'*w)*dt;             %用傅里叶变换求原基带信号 g(t)的频谱
F=f*exp(-j*t'*w)*dt;             %用傅里叶变换求已调制信号 f(t)的频谱
G0=g0*exp(-j*t'*w)*dt;           %求解调信号 g0(t)的频谱
%建立低通滤波器 H(jw)
H=[zeros(1,(N-2*d1)/2-1),ones(1,2*d1+1),zeros(1,(N-2*d1)/2)];
G1=G0.*H;                        %对解调信号 g0(t)进行滤波
dw=2*omgc/N;                     %求两个频率采样点的间隔
g1=G1*exp(j*w'*t)/pi*dw;         %用傅里叶逆变换求滤波后的时域信号 g1(t)
subplot(5,2,1),plot(t,g);ylabel('g(t)');    %作信号时域波形
axis([0,tf,-3,3]);
title('时域信号波形图')
subplot(5,2,3),plot(t,f);ylabel('f(t)');
axis([0,tf,-3,3]);
subplot(5,2,5),plot(t,g0);ylabel('g0(t)');
axis([0,tf,-3,3]);
subplot(5,2,9),plot(t,g1);ylabel('g1(t)');
axis([0,tf,-2,2]); xlabel('t');
subplot(5,2,2),plot(w,G);ylabel('G(j\omega)');   %信号频域波形
axis([-OMG,OMG,-3,3]);title('信号频谱图')
subplot(5,2,4),plot(w,F);ylabel('F(j\omega)');
axis([-OMG,OMG,-2,2]);
subplot(5,2,6),plot(w,G0);ylabel('G0(j\omega)');
axis([-OMG,OMG,-2,2]);
```

```
subplot(5,2,8),plot(w,H);ylabel('H(j\omega)');    %低通滤波器的频响特性
axis([-OMG,OMG,-0.2,1.2]);
subplot(5,2,10),plot(w,G1);ylabel('G1(j\omega)');
axis([-OMG,OMG,-2,2]);xlabel('\omega');
```

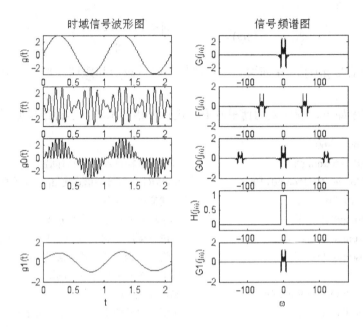

图 2-45   例 2-41 的时域波形与频域波形

### 2. 用 modulate 进行信号幅度、频率、相位的调制

MATLAB 提供了进行信号幅度、频率、相位的调制子函数 modulate，使用非常方便。

（1）信号的幅度调制。

【例 2-42】 已知一个频率为 1Hz 的基带信号，用频率为 10Hz 的载频信号进行幅度调制。处理信号时采样点数 $N$ 取 100。

**解：** MATLAB 程序及结果如下，运行结果如图 2-46 所示。

```
%生成调幅信号
fm=1;fc=10;N=100;Fs=N*fm;
k=0:N-1;t=k/Fs;
gt=sin(2*pi*fm*t);               %建立 g(t)
G=abs(fft(gt,N));                %求 g(t)的频谱
ft=modulate(gt,fc,Fs,'am');      %求调幅信号 f(t)
F=abs(fft(ft,N));                %求 f(t)的频谱
subplot(2,2,1),plot(t,gt);
title('时域信号波形图');ylabel('g(t)');
subplot(2,2,2),stem(G);
title('信号的频谱图');ylabel('G\omega)');
subplot(2,2,3),plot(t,ft);
ylabel('f(t)');xlabel('t');
```

```
subplot(2,2,4),stem(F);
ylabel('F(\omega)');xlabel('f');
```

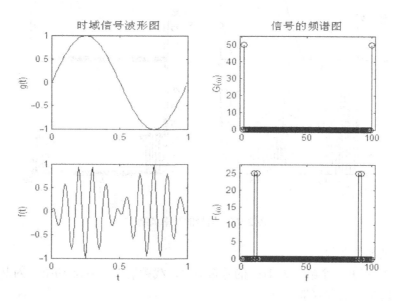

图2-46　信号的幅度调制

（2）信号的频率调制。

【例2-43】 已知一个频率为 1Hz 的基带信号，用频率为 10Hz 的载频信号进行频率调制。处理信号时采样点数 N 取 100。

**解：** MATLAB 程序及结果如下，运行结果如图 2-47 所示。

```
%生成调频信号
fm=1;fc=10;N=100;Fs=N*fm;
k=0:2*N-1;t=k/Fs;
gt=sin(2*pi*fm*t);              %建立 g(t)
G=abs(fft(gt,N));               %求 g(t)的频谱
ft=modulate(gt,fc,Fs,'fm');     %求调频信号 f(t)
F=abs(fft(ft,N));               %求 f(t)的频谱
subplot(2,2,1),plot(t,gt);
title('时域信号波形图');ylabel('g(t)');
axis([0,2/fm,-1,1]);
subplot(2,2,2),stem(G);
axis([-1,Fs+3,0,1.1*max(G)]);
title('信号的频谱图');ylabel('G(\omega)');
subplot(2,2,3),plot(t,ft);
axis([0,2/fm,-1,1]);
ylabel('f(t)');xlabel('t');
subplot(2,2,4),stem(F);
ylabel('F(\omega)');xlabel('f');
```

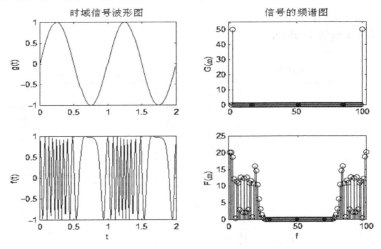

图 2-47    信号的频率调制

（3）信号的相位调制。

【例 2-44】 已知一个频率为 1Hz 的基带信号，载频信号频率为 10Hz，对其进行相位调制，处理信号时采样点数 $N$ 取 100。

**解：** MATLAB 程序及结果如下，运行结果如图 2-48 所示。

```
%生成调相信号
fm=1;fc=10;N=100;Fs=N*fm;
k=0:2*N-1;t=k/Fs;
gt=sin(2*pi*fm*t);              %建立 g(t)
G=abs(fft(gt,N));               %求 g(t)的频谱
ft=modulate(gt,fc,Fs,'pm');     %求调相信号 f(t)
F=abs(fft(ft,N));               %求 f(t)的频谱
```

作图部分同例 2-43，此处省略。

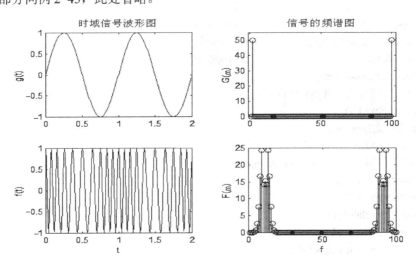

图 2-48    信号的相位调制

### 2.10.4  实验任务

（1）运行实验原理部分所有例题程序，理解每一条指令的含义。

（2）已知一个基带信号的频率 3Hz，用频率为基带信号频率 10 倍的载频信号进行调制。用 modulate 子函数，分别求信号的调幅、调频和调相后的时域波形和频谱图。处理信号时采样点数 $N$ 取 100。

（3）已知一个基带信号为

$$g(t) = 2\sin(5t) + 3\cos(15t)$$

在发射端被调制成频带信号

$$f(t) = g(t)\cos(100t)$$

在接收端信号被解调为

$$g_0(t) = f(t)\cos(100t)$$

通过低通滤波器

$$H(\mathrm{j}\omega) = \begin{cases} 1 & |\omega| < 120 \\ 0 & \text{其他} \end{cases}$$

恢复出基带信号 $g_1(t)$，并描绘上述信号的时域波形和频域波形。其中，时域信号显示宽度为 2s，频谱图选取宽度-400～400rad/s，采样点数 $N$ 取 1000。

### 2.10.5  实验预习

（1）认真阅读实验原理部分，明确本次实验的目的以及实验的基本方法。

（2）读懂例题程序，明确实验任务，根据实验任务预先编写程序。

### 2.10.6  实验报告

（1）列写上机调试已通过的实验程序。

（2）思考题：调幅、调频和调相信号的时域波形和频谱有何特点？

## 2.11  信号的时域抽样与重建

### 2.11.1  实验目的

（1）加深对信号时域抽样与重建基本原理的理解。

（2）了解用 MATLAB 语言进行信号时域抽样与重建的方法。

（3）观察信号抽样与重建的图形，掌握采样频率的确定和内插公式的编程方法。

### 2.11.2  实验原理

#### 1. 从连续信号采样获得离散信号

离散时间信号大多数由连续时间信号（模拟信号）进行抽样获得。图 2-49 给出了一个连续时间信号 $x(t)$、抽样后获得的信号 $x_s(t)$ 以及对应的频谱。在信号进行处理的过程中，要使有限带宽信号 $x(t)$ 被抽样后能够不失真地还原出原模拟信号，抽样信号的周期 $T_s$ 及抽样频

率 $F_s$ 的取值必须符合奈奎斯特（Nyquist）定理。假定 $x(t)$ 的最高频率为 $f_m$，则应有 $F_s \geqslant 2f_m$，即 $\omega_s \geqslant 2\omega_m$。

从图 2-49b 中可以看出，由于 $F_s$ 的取值大于两倍的信号最高频率 $f_m$，因此，只要经过一个低通滤波器，抽样信号 $x_s(t)$ 就能不失真地还原出原模拟信号。反之，如果 $F_s$ 的取值小于两倍的信号最高频率 $f_m$，如图 2-49c 所示，则频谱将发生混叠，抽样信号将无法不失真地还原出原模拟信号。

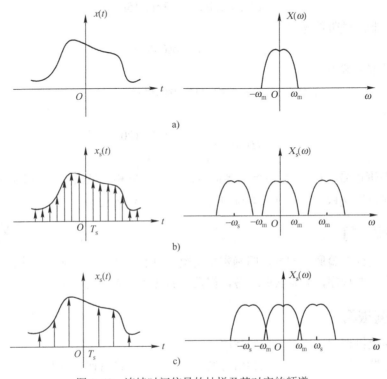

图 2-49 连续时间信号的抽样及其对应的频谱

a) 原连续时间信号及其频谱　b) $F_s \geqslant f_m$ 的抽样信号及其频谱　c) $F_s < f_m$ 的抽样信号及其频谱

下面，用 MATLAB 程序来仿真演示信号从抽样到恢复的全过程。

**2. 对连续信号进行采样**

在实际使用中，绝大多数信号都不是严格意义上的带限信号。为了研究问题方便，选择两个正弦频率相叠加的信号作为研究对象。

【例 2-45】 已知一个连续时间信号 $f(t) = \sin(2\pi f_0 t) + \dfrac{1}{3}\sin(6\pi f_0 t)$，$f_0 = 1\text{Hz}$，取最高有限带宽频率 $f_m = 5f_0$。分别显示原连续时间信号波形和 $F_s > 2f_m$、$F_s = 2f_m$、$F_s < 2f_m$ 3 种情况下抽样信号的波形。

**解：** 分别取 $F_s = f_m$、$F_s = 2f_m$ 和 $F_s = 3f_m$ 来研究问题，MATLAB 程序如下，结果如图 2-50 所示。

```
f0=1;T0=1/f0;                          %输入基波的频率、计算周期
```

```
fm=5*f0;Tm=1/fm;                              %取最高频率为基波的5倍频
t=-2:0.1:2;
x=sin(2*pi*f0*t)+1/3*sin(6*pi*f0*t);          %建立原连续信号
subplot(4,1,1),plot(t,x);                     %显示原信号波形
axis([min(t) max(t) 1.1*min(x) 1.1*max(x)]);
title('原连续信号和抽样信号');
for i=1:3;
    fs=i*fm;Ts=1/fs;                          %确定采样频率和周期
    n=-2:Ts:2;
    xs=sin(2*pi*f0*n)+1/3*sin(6*pi*f0*n);     %生成抽样信号
    subplot(4,1,i+1),stem(n,xs,'filled');     %显示抽样信号波形
    axis([min(n) max(n) 1.1*min(xs) 1.1*max(xs)]);
end
```

图 2-50 中，第一个图为原连续时间信号；第二个图为 $F_s = f_m$，即 $F_s < 2f_m$ 的抽样信号；第三个图为 $F_s = 2f_m$ 的抽样信号；第四个图为 $F_s = 3f_m$，即 $F_s > 2f_m$ 的抽样信号。

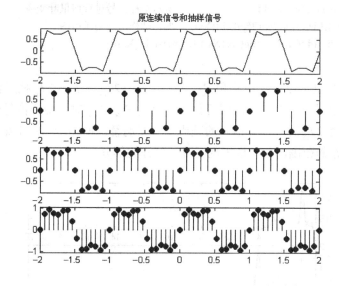

图 2-50　连续信号和其抽样信号波形

### 3. 连续信号和抽样信号的频谱

根据理论分析可知，信号的频谱图可以很直观地反映出抽样信号能否恢复还原模拟信号波形。因此，对上述 3 种情况下的时域信号波形求振幅频谱，来进一步分析和证明时域抽样定理。

【**例 2-46**】　求解例 2-45 中原连续信号波形和 $F_s < 2f_m$、$F_s = 2f_m$、$F_s > 2f_m$ 3 种情况下的抽样信号波形所对应的幅度谱。

**解：** MATLAB 程序如下：

```
f0=1;T0=1/f0;                                 %输入基波的频率、计算周期
t=-2:0.1:2;
N=length(t);                                  %求时间轴上采样点数
```

```
x=sin(2*pi*f0*t)+1/3*sin(6*pi*f0*t);          %建立原连续信号
fm=5*f0;Tm=1/fm;                              %最高频率取基波的5倍频
wm=2*pi*fm;
k=0:N-1; w1=k*wm/N;                           %在频率轴上生成N个采样频率点
X=x*exp(-j*t'*w1)*dt;                         %对原信号进行傅里叶变换
subplot(4,1,1),plot(w1/(2*pi),abs(X));        %作原信号的频谱图
axis([0 max(4*fm) 1.1*min(abs(X)) 1.1*max(abs(X))]);
%生成 fs<2fm，fs=2fm，fs>2fm 三种抽样信号的振幅频谱
for i=1:3;
    if i<=2 c=0;else c=1;end
    fs=(i+c)*fm;Ts=1/fs;                      %确定采样频率和周期
    n=-2:Ts:2;
    xs=sin(2*pi*f0*n)+1/3*sin(6*pi*f0*n);     %生成抽样信号
    N=length(n);                              %求时间轴上采样点数
    ws=2*pi*fs;
    k=0:N-1; w=k*ws/N;                        %在频率轴上生成N个采样频率点
    Xs=xs*exp(-j*n'*w)*Ts;                    %对抽样信号进行傅里叶变换
    subplot(4,1,i+1),plot(w/(2*pi),abs(Xs));  %作抽样信号的频谱图
    axis([0 max(4*fm) 1.1*min(abs(Xs)) 1.1*max(abs(Xs))]);
end
```

图 2-51 依次给出了原连续信号和 $F_s < 2f_m$、$F_s = 2f_m$、$F_s > 2f_m$ 抽样信号的频谱，与图 2-50 中各时域信号一一对应。由图可见，当满足 $F_s \geqslant 2f_m$ 时，抽样信号的频谱没有混叠现象；当不满足 $F_s \geqslant 2f_m$ 时，抽样信号的频谱发生了混叠。即图 2-51 中第二幅 $F_s < 2f_m$ 的频谱图，在 $f_m \leqslant 5f_0$ 的范围内，频谱出现了镜像对称的部分。

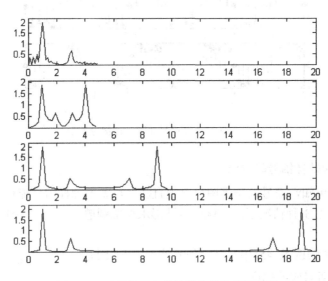

图 2-51    连续信号和其抽样信号的振幅频谱

## 4．由频域相乘重建信号

满足奈奎斯特（Nyquist）抽样定理的信号 $x_s(t)$，只要经过一个理想的低通滤波器，其中

$$H(\omega) = \begin{cases} 1 & |\omega| < \omega_{\mathrm{m}} \\ 0 & |\omega| > \omega_{\mathrm{m}} \end{cases}$$

将原信号有限带宽以外的频率部分滤除，就可以重建 $x(t)$ 信号。这种方法是从频域的角度进行处理，即用

$$X(\omega) = X_{\mathrm{s}}(\omega)H(\omega)$$

则滤波器的输出端就会出现被恢复的连续信号 $x(t)$，如图 2-52 所示。

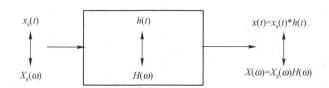

图 2-52 抽样信号经过理想低通滤波器重建 $x(t)$ 信号

【**例 2-47**】 用理想低通滤波器对抽样频率分别为 $F_{\mathrm{s}} < 2f_{\mathrm{m}}$、$F_{\mathrm{s}} = 2f_{\mathrm{m}}$、$F_{\mathrm{s}} > 2f_{\mathrm{m}}$ 的 3 个信号进行滤波，显示滤波后的信号。

**解：** MATLAB 程序如下，重建信号的结果如图 2-53 所示。

```
%用频域相乘重建信号
f0=1;T0=1/f0;                        %输入基波的频率、周期
fm=5*f0;Tm=1/fm;                     %最高频率为基波的 5 倍频
t=0:0.01:4*T0;
x=sin(2*pi*f0*t)+1/3*sin(6*pi*f0*t); %建立原连续信号
subplot(4,1,1),plot(t,x);
axis([min(t) max(t) 1.1*min(x) 1.1*max(x)]);
title('用频域相乘重建信号');
%对 fs<2fm.fs=2fm.fs>2fm 三种抽样信号进行滤波
for i=1:3;
    fs=i*fm;Ts=1/fs;                 %确定采样频率和周期
    n=-2:Ts:2;
    xs=sin(2*pi*f0*n)+1/3*sin(6*pi*f0*n); %生成抽样信号
    N=length(n);                     %求时间轴上采样点数
    ws=2*pi*fs;
    k=0:N-1;
    w=k*ws/N;
    Xs=xs*exp(-j*n'*w)*Ts;           %对抽样信号进行傅里叶变换
    %设计理想低通滤波器
    H=[ones(1,floor(N/2)),zeros(1,N-floor(N/2))];
    X=Xs.*H;                         %对信号进行频域处理
    dw=ws/N;
    x1=X*exp(j*w'*n)/pi*dw;          %用傅里叶逆变换求滤波后的时域信号 x1(t)
    subplot(4,1,i+1),plot(n,x1);grid
end
```

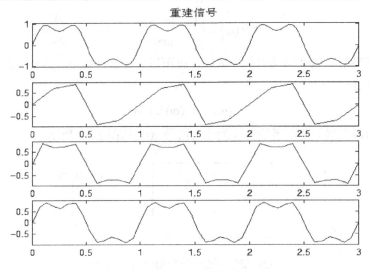

图 2-53　由时域或频域重建信号

### 5. 由时域卷积重建信号

信号重建除了从频域对信号采用理想低通滤波器滤波的方法外，还可以用时域抽样信号 $x_s(t)$ 与理想滤波器系统的单位冲激响应 $h(t)$ 进行卷积积分来求解，如图 2-52 所示。卷积积分的公式经推导化简为内插公式

$$x(t) = \sum_{-\infty}^{\infty} x(nT_s)\mathrm{Sa}[\omega_c(t - nT_s)]$$

由此可见，$x(t)$ 信号可以由其抽样值 $x(nT_s)$ 及内插函数重构。MATLAB 中提供了 sinc 函数，可以很方便地使用内插公式。

**【例 2-48】** 用时域卷积推导出的内插公式重建例 2-45 给定的信号。

**解：**MATLAB 程序如下。

```
%用时域卷积重建信号
f0=1;T0=1/f0;                                    %输入基波的频率、周期
fm=5*f0;Tm=1/fm;                                 %最高频率为基波的5倍频
t=0:0.01:3*T0;
x=sin(2*pi*f0*t)+1/3*sin(6*pi*f0*t);             %建立原连续信号
subplot(4,1,1),plot(t,x);
axis([min(t) max(t) 1.1*min(x) 1.1*max(x)]);
title('用时域卷积重建信号');
for i=1:3;
    fs=i*fm;Ts=1/fs;                             %确定采样频率和周期
    n=0:(3*T0)/Ts                                %生成 n 序列
    t1=0:Ts:3*T0;                                %生成 t 序列
    xs=sin(2*pi*n*f0/fs)+1/3*sin(6*pi*n*f0/fs);  %生成抽样信号
    T_N=ones(length(n),1)*t1-n'*Ts*ones(1,length(t1));  %t-nT 矩阵
    x1=xs*sinc(2*pi*fs*T_N);                      %内插公式
    subplot(4,1,i+1),plot(t1,x1);
```

```
    axis([min(t1) max(t1) 1.1*min(x1) 1.1*max(x1)]);
end
```

原信号与重建信号的结果如图 2-53 所示。由图可以看出，当 $F_s < 2f_m$ 时（见第二幅图），信号不能被还原，产生了失真；当 $F_s = 2f_m$ 和 $F_s > 2f_m$ 时信号基本被还原。

### 2.11.3　实验任务

（1）阅读并输入实验原理中介绍的例题程序，观察输出的波形曲线，理解每一条程序的含义。

（2）已知一个连续时间信号 $f(t) = \sin c(t)$，取最高有限带宽频率 $f_m = 1\text{Hz}$。

1）分别显示原连续时间信号波形和 $F_s = f_m$、$F_s = 2f_m$、$F_s = 3f_m$ 3 种情况下抽样信号的波形。

2）求解原连续信号波形和抽样信号所对应的幅度谱。

3）用理想低通滤波器重建信号。

4）用时域卷积的方法（内插公式）重建信号。

### 2.11.4　实验预习

1. 认真阅读实验原理，明确本次实验任务，读懂各函数和例题程序，了解实验方法。

2. 根据实验任务，预先编写实验程序。

3. 预习思考题：什么是内插公式？在 MATLAB 中内插公式可以用什么函数来编写？

### 2.11.5　实验报告

（1）列写调试通过的实验程序，打印或描绘实验程序产生的曲线图形。

（2）思考题如下：

1）回答实验预习思考题。

2）通过本实验，总结使用哪些方法进行信号的重建，使用这些方法时需注意什么问题？

## 2.12　z 变换及其应用

### 2.12.1　实验目的

（1）加深对离散系统变换域分析方法——z 变换的理解。

（2）掌握进行 z 变换和 z 反变换的基本方法，了解部分分式法在 z 反变换中的应用。

（3）学习使用 MATLAB 进行 z 变换和 z 反变换的常用子函数。

（4）了解 tf 模型与 rpk 模型之间相互转换的方法。

### 2.12.2　实验涉及的 MATLAB 子函数

#### 1. ztrans

功能：返回无限长序列函数 $x(n)$ 的 z 变换。

调用格式：

X=ztrans(x); 求无限长序列函数 $x(n)$ 的 $z$ 变换 $X(z)$，返回 $z$ 变换的表达式。

### 2. iztrans

功能：求函数 $X(z)$ 的 $z$ 反变换 $x(n)$ 。

调用格式：

x=iztrans(X); 求函数 $X(z)$ 的 $z$ 反变换 $x(n)$，返回 $z$ 反变换的表达式。

### 3. residuez

功能：数字系统传递函数（tf）模型与部分分式（rpk）模型间的转换。

调用格式：

[r p k]= residuez(b,a);把 $b(z)/a(z)$ 展开成如式（2-12-3）的部分分式形式。

[b,a]= residuez(r p k);根据部分分式的 $r$、$p$、$k$ 数组，返回有理多项式。其中，$b$、$a$ 为按降幂排列的多项式，如式（2-12-1）的分子和分母的系数数组；$r$ 为余数数组；$p$ 为极点数组；$k$ 为无穷项多项式系数数组。

### 4. impz

功能：求解数字系统的冲激响应。

调用格式：

[h,t]=impz(b,a)；求解数字系统的冲激响应 $h$,取样点数为默认值。

[h,t]=impz(b,a,n)；求解数字系统的冲激响应 $h$,取样点数由 $n$ 确定。

impz(b,a)；在当前窗口用 stem(t,h)函数作数字系统的冲激响应曲线图。

## 2.12.3 实验原理

### 1. 用 ztrans 求无限长序列的 z 变换

MATLAB 提供了进行无限长序列的 $z$ 变换的子函数 ztrans。使用时须知，该函数只给出 $z$ 变换的表达式，而没有给出其收敛域。另外，由于这一功能还不尽完善，有的序列的 $z$ 变换还不能用此函数求出，$z$ 反变换也存在同样的问题。

【例 2-49】 求以下各序列的 $z$ 变换。

$$x_1(n) = a^n \qquad x_2(n) = n \qquad x_3(n) = \frac{n(n-1)}{2}$$

$$x_4(n) = \mathrm{e}^{j\omega_0 n} \qquad x_5(n) = \frac{1}{n(n-1)}$$

**解**：MATLAB 程序如下。

```
syms w0 n z a
x1=a^n;X1=ztrans(x1)
x2=n;X2=ztrans(x2)
x3=(n*(n-1))/2;X3=ztrans(x3)
x4=exp(j*w0*n);X4=ztrans(x4)
x5=1/(n*(n-1));X5=ztrans(x5)
```

程序运行结果如下。

```
X1 =z/a/(z/a−1)
X2 =z/(z−1)^2
X3 =−1/2*z/(z−1)^2+1/2*z*(z+1)/(z−1)^3
X4 =z/exp(i*w0)/(z/exp(i*w0)−1)
??? Error using ==> sym/maple        ← 表示(x5)不能求出 z 变换
Error, (in convert/hypergeom) Summand is singular at n = 0 in the interval
of summation
Error in ==> C:\MATLAB6p1\toolbox\symbolic\@sym\ztrans.m
On line 81    ==> F = maple('map','ztrans',f,n,z);
```

### 2. 用 iztrans 求无限长序列的 z 反变换

MATLAB 还提供了进行无限长序列的 z 反变换的子函数 iztrans。

【例 2-50】　求下列函数的 z 反变换。

$$X_1(z)=\frac{z}{z-1} \qquad X_2(z)=\frac{az}{(a-z)^2} \qquad X_3(z)=\frac{z}{(z-1)^3} \qquad X_4(z)=\frac{1-z^{-n}}{1-z^{-1}}$$

**解：** MATLAB 程序如下。

```
syms n z a
X1=z/(z−1);x1=iztrans(X1)
X2=a*z/(a−z)^2;x2=iztrans(X2)
X3=z/(z−1)^3;x3=iztrans(X3)
X4=(1−z^−n)/(1−z^−1);x4=iztrans(X4)
```

程序运行结果如下。

```
x1 =1
x2 =n*a^n
x3 =−1/2*n+1/2*n^2
x4 =iztrans((1−z^(−n))/(1−1/z),z,n)
```

### 3. 用部分分式法求 z 反变换

部分分式法是一种常用的求解 z 反变换的方法。当 z 变换表达式是一个多项式时，可以表示为系统传递函数，简称为 tf 模型

$$X(z)=\frac{b_0+b_1z^{-1}+b_2z^{-2}+\cdots+b_Mz^{-M}}{1+a_1z^{-1}+a_2z^{-2}+\cdots+a_Nz^{-N}} \tag{2-12-1}$$

将式（2-12-1）多项式分解为真有理式与直接多项式两部分，即得到

$$X(z)=\frac{\bar{b}_0+\bar{b}_1z^{-1}+\bar{b}_2z^{-2}+\cdots\cdots+\bar{b}_{N-1}z^{-N-1}}{1+a_1z^{-1}+a_2z^{-2}+\cdots\cdots+a_Nz^{-N}}+\sum_{i=0}^{M-N}k_iz^{-i} \tag{2-12-2}$$

当式（2-12-1）中 $M < N$ 时，式（2-12-2）的第二部分即为 0。

对于 $X(z)$ 的真有理式部分，存在以下两种情况：

（1）$X(z)$ 仅含有单实极点。对式（2-12-2）进行处理，化为部分分式展开式，则得到极点留数（rpk）模型

$$X(z) = \sum_{i=1}^{N} \frac{r_i}{1 - p_i z^{-1}} + \sum_{i=0}^{M-N} k_i z^{-i} \qquad (2\text{-}12\text{-}3)$$

$$= \frac{r_1}{1 - p_1 z^{-1}} + \frac{r_2}{1 - p_2 z^{-1}} + L + \frac{r_N}{1 - p_N z^{-1}} + \sum_{i=0}^{M-N} k_i z^{-i}$$

$X(z)$ 的 $z$ 反变换为

$$x(n) = \sum_{i=1}^{N} r_i (p_i)^n u(n) + \sum_{i=0}^{M-N} k_i \delta(n-i)$$

**【例 2-51】** 已知 $X(z) = \dfrac{z^2}{z^2 - 1.5z + 0.5}$ ，$|z| > 1$，试用部分分式法求 $z$ 反变换，并列出 $N=20$ 点的数值。

**解：** 由上述表达式和收敛域条件可知，所求序列 $x(n)$ 为一个右边序列，且为因果序列。将题中表达式按式（2-12-1）的形式整理得

$$X(z) = \frac{1}{1 - 1.5z^{-1} + 0.5z^{-2}}$$

求 $z$ 反变换的程序如下。

```
b=[1,0,0];
a=[1,-1.5,0.5];
[r p k]=residuez(b,a)
```

在 MATLAB 命令窗将显示

```
r =
     2
    -1
p =
    1.0000
    0.5000
k =
    0
```

由此可知，这是多项式 $M < N$ 的情况，多项式分解后表示为

$$X(z) = \frac{2}{1 - z^{-1}} - \frac{1}{1 - 0.5z^{-1}}$$

可写出 $z$ 反变换公式

$$x(n) = 2u(n) - (0.5)^n u(n)$$

如果用图形表现 $x(n)$ 的结果，可以加以下程序，结果如图 2-54 所示。

```
N=20;n=0:N-1;
x=r(1)*p(1).^n +r(2)*p(2).^n;
stem(n,x);
title('用部分分式法求反变换 x(n)');
```

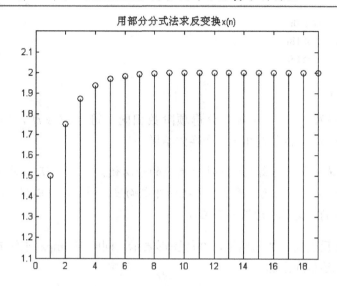

图 2-54    部分分式求解例 2-51 的 z 反变换

其中，x 的数值为

x =

[1.0000    1.5000    1.7500    1.8750    1.9375    1.9688    1.9844    1.9922

 1.9961    1.9980    1.9990    1.9995    1.9998    1.9999    1.9999    2.0000

 2.0000    2.0000    2.0000    2.0000]

【例 2-52】    用部分分式法求解下列系统函数的 z 反变换，并用图形与 impz 求得的结果相比较。

$$H(z) = \frac{0.1321 - 0.3963z^{-2} + 0.3963z^{-4} - 0.1321z^{-6}}{1 + 0.34319z^{-2} + 0.60439z^{-4} + 0.20407z^{-6}}$$

**解：** 由式可知,该函数表示了一个 6 阶系统。其程序如下。

```
a=[1, 0, 0.34319, 0, 0.60439, 0, 0.20407];
b=[0.1321, 0, -0.3963, 0, 0.3963, 0, -0.1321];
[r p k]=residuez(b,a)
```

此时在 MATLAB 命令窗将显示

```
r =
    -0.1320 - 0.0001i
    -0.1320 + 0.0001i
    -0.1320 + 0.0001i
    -0.1320 - 0.0001i
     0.6537 + 0.0000i
     0.6537 - 0.0000i
p =
    -0.6221 + 0.6240i
    -0.6221 - 0.6240i
     0.6221 + 0.6240i
```

$$0.6221 - 0.6240i$$
$$0 + 0.5818i$$
$$0 - 0.5818i$$
$$k =$$
$$-0.6473$$

由于该系统函数 $H(z)$ 分子项与分母项阶数相同，符合 $M \geqslant N$，因此，具有冲激项 $k_0 \delta(n)$。可以由 $r$、$p$、$k$ 的值写出 $z$ 反变换的结果。

**注意：** impz 是一个求解离散系统冲激响应的子函数。如果把 $H(z)$ 看成是一个系统的系统函数，则 $H(z)$ 的 $z$ 反变换就等于这个系统的冲激响应。因此，可以用 impz 的结果来检验用部分分式法求得的 $z$ 反变换结果是否正确。

如果要求解 $z$ 反变换的数值结果，并用图形表示，同时与 impz 求解的冲激响应结果进行比较，可以在上述程序添加

```
N=40;n=0:N-1;
h=r(1)*p(1).^n+r(2)*p(2).^n+r(3)*p(3).^n+r(4)*p(4).^n+r(5)*p(5).^n+r(6)*p(6).^n+k(1).*[n==0];
subplot(1,2,1),stem(n,real(h));
title('用部分分式法求反变换 h(n)');
h2=impz(b,a,N);
subplot(1,2,2),stem(n,h2);
title('用 impz 求反变换 h(n)');
```

由图 2-55 显示的结果可以看出，系统函数的 $z$ 反变换与 impz 求解冲激响应的图形相同。可见，用部分分式求系统函数的 $z$ 反变换，也是一种求解系统的冲激响应的有效方法。

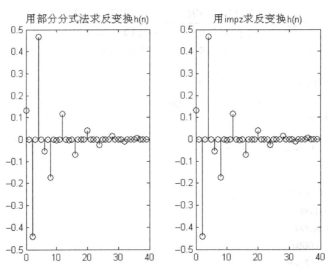

图 2-55　用部分分式和 impz 子函数求解例 2-53 的 $z$ 反变换

（2）$X(z)$ 含有一个 $r$ 重极点。这种情况处理起来比较复杂，本实验不做要求。仅举例 2-53 提供读者参考。

*【例 2-53】 用部分分式法求解下列函数 $H(z)$ 的 z 反变换，写出 $h(n)$ 的表示式，并用图形与 impz 求得的结果相比较。

$$H(z) = \frac{z^{-1}}{1 - 12z^{-1} + 36z^{-2}}$$

**解**：求 z 反变换的程序如下

```
b=[0,1,0];a=[1,-12,36];
[r p k]=residuez(b,a)
```

在 MATLAB 命令窗将显示

```
r =
    -0.1667 - 0.0000i
     0.1667 + 0.0000i
p =
     6.0000 + 0.0000i
     6.0000 - 0.0000i
k =
     0
```

由此可知，这个多项式含有重极点。多项式分解后表示为

$$H(z) = \frac{-0.1667}{1 - 6z^{-1}} + \frac{0.1667}{(1 - 6z^{-1})^2}$$

$$= \frac{-0.1667}{1 - 6z^{-1}} + \frac{0.1667}{6} z \frac{6z^{-1}}{(1 - 6z^{-1})^2}$$

根据时域位移性质，可写出 z 反变换公式

$$h(n) = -0.1667(6)^n u(n) + \frac{0.1667}{6}(n+1)6^{n+1} u(n+1)$$

如果要用图形表现 $h(n)$ 的结果，并与 impz 子函数求出的结果相比较，可以在前面已有的程序后面加以下程序段。执行结果如图 2-56 所示。

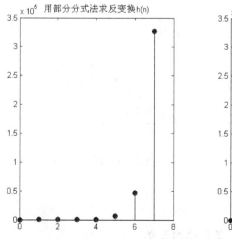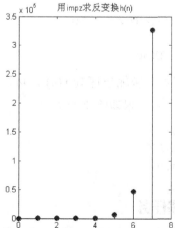

图 2-56　用部分分式和 impz 子函数求解例 2-53 的 z 反变换

```
N=8;n=0:N-1;
h=r(1)*p(1).^n.*[n>=0]+r(2).*(n+1).*p(2).^n.*[n-1>=0];
subplot(1,2,1),stem(n,h);
title('用部分分式法求反变换 h(n)');
h2=impz(b,a,N);
subplot(1,2,2),stem(n,h2);
title('用 impz 求反变换 h(n)');
```

### 4. 从变换域求系统的响应

由图 2-57 可知，离散系统的响应与连续系统一样，既可以用时域分析的方法求解，也可以用变换域分析法求解。当已知系统函数 $H(z)$ 和系统输入序列的 $z$ 变换 $X(z)$ 时，则系统响应序列的 $z$ 变换可以由 $Y(z) = H(z)X(z)$ 求出。

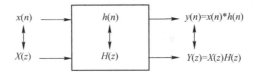

图 2-57　离散系统响应与激励的关系

【例 2-54】 已知一个离散系统的函数 $H(z) = \dfrac{z^2}{z^2 - 1.5z + 0.5}$，输入序列 $X(z) = \dfrac{z}{z-1}$，求系统在变换域的响应 $Y(z)$，以及在时间域的响应 $y(n)$。

**解**：MATLAB 程序如下。

```
syms z
X=z./(z-1);
H=z.^2./(z.^2-1.5*z+0.5);
Y=X.*H
y=iztrans(Y)
```

程序运行后，将显示

```
Y =
    z^3/(z-1)/(z^2-3/2*z+1/2)
y =
    2*n+2^(-n)
```

如果要观察时域输出序列 $y(n)$，可以编写下面的程序，结果如图 2-58 所示。

```
n=0:20;
y=2*n+2.^(-n);
stem(n,y);
```

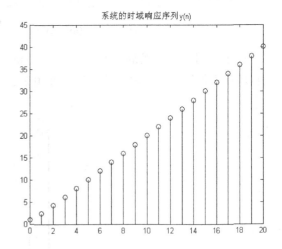

图 2-58　例 2-54 的时域输出序列 $y(n)$

## 2.12.4　实验任务

（1）输入并运行例题程序，理解每一条程序的含义。

（2）求以下各序列的 $z$ 变换。

$$x_1(n) = na^n \qquad x_2(n) = \sin(\omega_0 n) \qquad x_3(n) = 2^n \qquad x_4 = e^{-an}\sin(n\omega_0)$$

（3）求下列函数的 $z$ 反变换。

$$X_1(z) = \frac{z}{z-a} \qquad X_2(z) = \frac{z}{(z-a)^2} \qquad X_3(z) = \frac{z}{z-e^{j\omega_0}} \qquad X_4(z) = \frac{1-z^{-3}}{1-z^{-1}}$$

（4）用部分分式法求解下列系统函数的 $z$ 反变换，写出 $x(n)$ 的表达式，并用图形与 impz 求得的结果相比较，取前 10 个点作图。

1）$X(z) = \dfrac{10+20z^{-1}}{1+8z^{-1}+19z^{-2}+12z^{-3}}$

2）$X(z) = \dfrac{5z^{-2}}{1+z^{-1}-0.6z^{-2}}$

*3）$X(z) = \dfrac{1}{(1-0.9z^{-1})^2(1+0.9z^{-1})}$

### 2.12.5 实验预习

（1）认真阅读实验原理部分，学习使用 MATLAB 进行 $z$ 变换和 $z$ 反变换的常用子函数。初步掌握 MATLAB 求解离散系统 $z$ 变换和 $z$ 反变换的基本方法，以及使用部分分式法进行 $z$ 反变换的步骤、方法和注意事项。

（2）读懂实验原理部分有关的例题，根据实验任务，编写实验程序。

（3）预习思考题：使用部分分式法进行 $z$ 反变换一般会遇到哪几种情况？如何处理？

### 2.12.6 实验报告

（1）列写已调试通过的实验任务程序，打印或描绘实验程序产生的曲线图形。

（2）思考题如下：

1）MATLAB 中提供的 ztrans 和 iztrans 变换方法，使用时有何问题需要注意？

2）回答预习思考题。

## 2.13 离散系统的零极点分析

### 2.13.1 实验目的

（1）了解离散系统的零极点与系统因果性和稳定性的关系。

（2）观察离散系统零极点对系统冲激响应的影响。

（3）熟悉 MATLAB 进行离散系统零极点分析的常用子函数。

### 2.13.2 实验涉及的 MATLAB 子函数

zplane

功能：显示离散系统的零极点分布图。

调用格式：

zplane(z,p); 绘制由列向量 $z$ 确定的零点、列向量 $p$ 确定的极点构成的零极点分布图。

zplane(b,a)；绘制由行向量 **b** 和 **a** 构成的系统函数确定的零极点分布图。

[hz,hp,ht]= zplane(z,p)；执行后可得到 3 个句柄向量。**hz** 为零点线句柄，**hp** 为极点线句柄，**ht** 为坐标轴、单位圆及文本对象的句柄。

### 2.13.3　实验原理

#### 1. 离散系统的因果性和稳定性

（1）因果系统。由理论分析可知，一个离散系统的因果性，在时域中必须满足的充分必要条件是

$$h(n) = 0 \qquad n < 0$$

即系统的冲激响应必须是右序列。

在变换域，极点只能在 $z$ 平面上一个以原点为中心的有界的圆内。如果系统函数是一个多项式，则分母上 $z$ 的最高次数应大于分子上 $z$ 的最高次数。

（2）稳定系统。在时域中，离散系统稳定的充分必要条件是它的冲激响应绝对可加，

$$\sum_{n=0}^{\infty} |h(n)| < \infty$$

在变换域则要求所有极点必须在 $z$ 平面上以原点为中心的单位圆内。

（3）因果稳定系统。由综合系统的因果性和稳定性两方面的要求可知，一个因果稳定系统的充分必要条件是系统函数的全部极点必须在 $z$ 平面上以原点为中心的单位圆内。

在讨论系统稳定性问题时，往往采用系统函数的零-极点增益（zpk）模型比较方便。即，将系统传递函数如下：

$$H(z) = k \frac{(z-q_1)(z-q_2)\cdots(z-q_M)}{(z-p_1)(z-p_2)\cdots(z-p_N)}$$

#### 2. 系统极点的位置对系统响应的影响

系统极点的位置对系统响应有着非常明显的影响。下面举例说明系统的极点分别是实数和复数时的情况，使用 MATLAB 提供的 zplane 子函数制作零极点分布图进行分析。

【例 2-55】　研究 $z$ 右半平面的实数极点对系统响应的影响。

已知系统的零-极点增益模型分别为

$$H_1(z) = \frac{z}{z-0.85} \qquad H_2(z) = \frac{z}{z-1} \qquad H_3(z) = \frac{z}{z-1.5}$$

求这些系统的零极点分布图以及系统的冲激响应，并判断系统的稳定性。

**解：** 根据公式写出 zpk 形式的列向量，求系统的零极点分布图以及系统的冲激响应程序如下。

```
%在右半平面的实数极点的影响
z1=[0]';p1=[0.85]';k=1;
[b1,a1]=zp2tf(z1,p1,k);
subplot(3,2,1),zplane(z1,p1);
ylabel('极点在单位圆内');
subplot(3,2,2),impz(b1,a1,20);
z2=[0]';p2=[1]';
```

```
[b2,a2]=zp2tf(z2,p2,k);
subplot(3,2,3),zplane(z2,p2);
ylabel('极点在单位圆上');
subplot(3,2,4),impz(b2,a2,20);
z3=[0]';p3=[1.5]';
[b3,a3]=zp2tf(z3,p3,k);
subplot(3,2,5),zplane(z3,p3);
ylabel('极点在单位圆外');
subplot(3,2,6),impz(b3,a3,20);
```

由图 2-59 可知，这 3 个系统的极点均为实数且处于 $z$ 平面的右半平面。当极点处于单位圆内时，系统的冲激响应曲线随着频率增大而收敛；当极点处于单位圆上时，系统的冲激响应曲线为等幅曲线；当极点处于单位圆外时，系统的冲激响应曲线随着频率增大而发散。

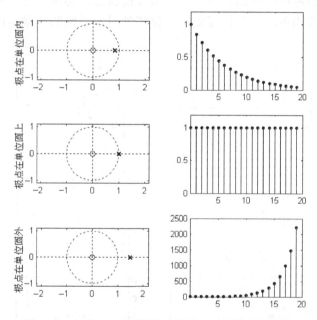

图 2-59　处于 $z$ 右半平面的实数极点对系统响应的影响

【例 2-56】　研究 $z$ 左半平面的实数极点对系统响应的影响。

已知系统的零-极点增益模型分别为

$$H_1(z) = \frac{z}{z+0.85} \qquad H_2(z) = \frac{z}{z+1} \qquad H_3(z) = \frac{z}{z+1.5}$$

求这些系统的零极点分布图以及系统的冲激响应，判断系统的稳定性。

**解**：根据公式写出 zpk 形式的列向量，求系统的零极点分布图以及系统的冲激响应程序如下。

```
%在左半平面的实数极点的影响
z1=[0]';p1=[-0.85]';k=1;
[b1,a1]=zp2tf(z1,p1,k);
subplot(3,2,1),zplane(z1,p1);
ylabel('极点在单位圆内');
```

```
subplot(3,2,2),impz(b1,a1,20);
z2=[0]';p2=[-1]';
[b2,a2]=zp2tf(z2,p2,k);
subplot(3,2,3),zplane(z2,p2);
ylabel('极点在单位圆上');
subplot(3,2,4),impz(b2,a2,20);
z3=[0]';p3=[-1.5]';
[b3,a3]=zp2tf(z3,p3,k);
subplot(3,2,5),zplane(b3,a3);
ylabel('极点在单位圆外');
subplot(3,2,6),impz(z3,p3,20);
```

由图 2-60 可知，这 3 个系统的极点均为实数且处于 $z$ 平面的左半平面。当极点处于单位圆内时，系统的冲激响应曲线随着频率增大而收敛；当极点处于单位圆上时，系统的冲激响应曲线为等幅振荡；当极点处于单位圆外时，系统的冲激响应曲线随着频率增大而发散。

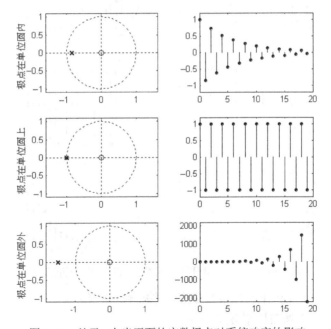

图 2-60　处于 $z$ 左半平面的实数极点对系统响应的影响

【例 2-57】 研究 $z$ 右半平面的复数极点对系统响应的影响。

已知系统的零-极点增益模型分别为

$$H_1(z) = \frac{z(z-0.3)}{(z-0.5-0.7\mathrm{j})(z-0.5+0.7\mathrm{j})}$$

$$H_2(z) = \frac{z(z-0.3)}{(z-0.6-0.8\mathrm{j})(z-0.6+0.8\mathrm{j})}$$

$$H_3(z) = \frac{z(z-0.3)}{(z-1-\mathrm{j})(z-1+\mathrm{j})}$$

求这些系统的零极点分布图以及系统的冲激响应，并判断系统的稳定性。

**解：** 根据公式写出 zpk 形式的列向量，求系统的零极点分布图以及系统的冲激响应程序如下。

```
%复数极点的影响
z1=[0.3,0]';p1=[0.5+0.7j,0.5-0.7j]';k=1;
[b1,a1]=zp2tf(z1,p1,k);
subplot(3,2,1),zplane(b1,a1);
ylabel('极点在单位圆内');
subplot(3,2,2),impz(b1,a1,20);
z2=[0.3,0]';p2=[0.6+0.8j,0.6-0.8j]';
[b2,a2]=zp2tf(z2,p2,k);
subplot(3,2,3),zplane(b2,a2);
ylabel('极点在单位圆上');
subplot(3,2,4),impz(b2,a2,20);
z3=[0.3,0]';p3=[1+j,1-j]';
[b3,a3]=zp2tf(z3,p3,k);
subplot(3,2,5),zplane(b3,a3);
ylabel('极点在单位圆外');
subplot(3,2,6),impz(b3,a3,20);
```

由图 2-61 可知，这 3 个系统的极点均为复数且处于 $z$ 平面的右半平面。当极点处于单位圆内时，系统的冲激响应曲线随着频率增大而收敛；当极点处于单位圆上时，系统的冲激响应曲线为等幅振荡；当极点处于单位圆外时，系统的冲激响应曲线随着频率增大而发散。

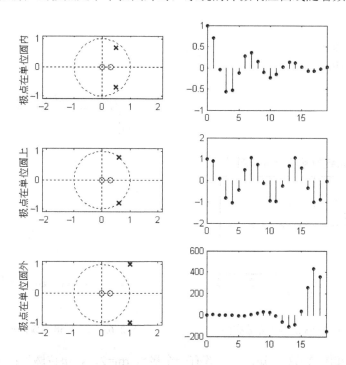

图 2-61　处于 $z$ 右半平面的复数极点对系统响应的影响

由系统的极点分别为实数和复数的情况，可以得到结论：系统只有在极点处于单位圆内时才是稳定的。

### 3. 系统的因果稳定性实例分析

在 MATLAB 中提供了 roots 子函数，用于求多项式的根。配合使用 zplane 子函数制作零极点分布图，有助于进行系统因果稳定性的分析。

【例 2-58】 已知离散时间系统函数为

$$H(z) = \frac{z-1}{z^2 - 2.5z + 1}$$

求该系统的零极点及零极点分布图，并判断系统的因果稳定性。

**解：** 该题给出的系统函数是按 $z$ 的降幂排列，MATLAB 程序如下。

```
b=[0,1,-1];a=[1,-2.5,1];
rz=roots(b)                %求系统的零点
rp=roots(a)                %求系统的极点%求系统的零极点分布图
subplot(1,2,1),zplane(b,a);
title('系统的零极点分布图');
subplot(1,2,2),impz(b,a,20);
title('系统的冲激响应');
xlabel('n');ylabel('h(n)');
```

程序运行结果如下，零极点分布图如图 2-62 所示，系统的冲激响应如图 2-63 所示。

```
rz =
      1
rp =
      2.0000
      0.5000
```

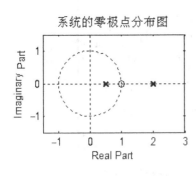

图 2-62 例 2-58 的零极点分布图

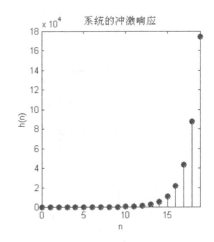

图 2-63 例 2-58 系统的冲激响应图

由运行结果和图 2-62 可知，该系统有一个极点 $rp_1 = 2$，在单位圆外；由图 2-63 可知，该系统的冲激响应曲线随着 $n$ 的增大而发散。因此，该系统不是因果稳定系统。

【例2-59】 已知离散时间系统函数为

$$H(z) = \frac{0.2 + 0.1z^{-1} + 0.3z^{-2} + 0.1z^{-3} + 0.2z^{-4}}{1 - 1.1z^{-1} + 1.5z^{-2} - 0.7z^{-3} + 0.3z^{-4}}$$

求该系统的零极点及零极点分布图，并判断系统的因果稳定性。

**解：** MATLAB程序如下。

```
b=[0.2,0.1,0.3,0.1,0.2];
a=[1,-1.1,1.5,-0.7,0.3];
rz=roots(b)
rp=roots(a)
subplot(1,2,1),zplane(b,a);
title('系统的零极点分布图');
subplot(1,2,2),impz(b,a,20);
title('系统的冲激响应');
xlabel('n');ylabel('h(n)');
```

程序运行结果如下，零极点分布图如图2-64所示，系统的冲激响应如图2-65所示。

```
rz =
   -0.5000 + 0.8660i
   -0.5000 - 0.8660i
    0.2500 + 0.9682i
    0.2500 - 0.9682i
rp =
    0.2367 + 0.8915i
    0.2367 - 0.8915i
    0.3133 + 0.5045i
    0.3133 - 0.5045i
```

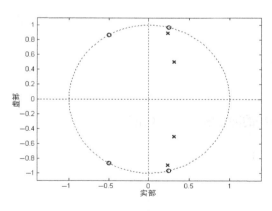 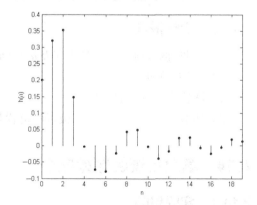

图2-64　例2-59的零极点分布图　　　图2-65　例2-59系统的冲激响应图

由运行结果和零极点分布图可知，该系统的所有极点均在单位圆内；由图2-65可知，该系统的冲激响应曲线随着 $n$ 的增大而收敛。因此，该系统是一个因果稳定系统。

### 2.13.4　实验任务

（1）阅读并输入实验原理中介绍的例题程序，理解每一条程序的含义，观察程序输出结果，理解零极点对系统特性的影响。

（2）已知系统的零-极点增益模型分别为

$$H_1(z) = \frac{(z-0.3)}{(z+0.5-0.7j)(z+0.5+0.7j)}$$

$$H_2(z) = \frac{(z-0.3)}{(z+0.6-0.8j)(z+0.6+0.8j)}$$

$$H_3(z) = \frac{(z-0.3)}{(z+1-j)(z+1+j)}$$

求这些系统的零极点分布图以及系统的冲激响应，并判断系统的稳定性。

（3）已知离散时间系统函数分别为

$$H_1(z) = 5\frac{(z-1)(z+3)}{(z-2)(z+4)}$$

$$H_2(z) = \frac{4-1.6z^{-1}-1.6z^{-2}+4z^{-3}}{1+0.4z^{-1}+0.35z^{-2}-0.4z^{-3}}$$

$$H_3(z) = \frac{2}{1-z^{-1}} - \frac{1}{1-0.5z^{-1}} + \frac{1}{1+0.5z^{-1}}$$

求该系统的零极点及零极点分布图，并判断系统的因果稳定性。

### 2.13.5　实验预习

（1）认真阅读实验原理，明确本次实验任务，读懂各函数和例题程序，了解实验方法。

（2）根据实验任务，预先编写实验程序。

（3）预习思考题：因果稳定的离散系统必须满足的充分必要条件是什么？MATLAB 提供了哪些进行零极点求解的子函数？如何使用？

### 2.13.6　实验报告

（1）列写调试通过的实验程序及运行结果。

（2）思考题如下：

1）回答实验预习思考题。

2）离散系统的系统函数零极点的位置与系统的冲激响应有何关系？

## 2.14　离散系统的频率响应

### 2.14.1　实验目的

（1）加深对离散系统的频率响应特性基本概念的理解。

（2）了解离散系统的零极点与频响特性之间关系。

（3）熟悉 MATLAB 分析离散系统频响特性的常用子函数,掌握离散系统幅频响应和相频响应的求解方法。

## 2.14.2　实验涉及的 MATLAB 子函数

### 1. freqz

功能：用于求解离散时间系统的频率响应函数 $H(\mathrm{e}^{\mathrm{j}\omega})$。

调用格式：

[h,w]=freqz(b,a,n)；可得到数字滤波器的 $n$ 点复频响应值，这 $n$ 个点均匀地分布在[0,π]上，并将这 $n$ 个频点的频率记录在 $w$ 中，相应的频响值记录在 $h$ 中。默认 $n$=512。

[h,f]=freqz(b,a,n,$F_\mathrm{s}$)；用于对 $H(\mathrm{e}^{\mathrm{j}\omega})$ 在[0,$F_\mathrm{s}$/2]上等间隔采样 $n$ 点，采样点频率及相应频响值分别记录在 $f$ 和 $h$ 中。由用户指定 $F_\mathrm{s}$（以 Hz 为单位）值。

h=freqz(b,a,w)；用于对 $H(\mathrm{e}^{\mathrm{j}\omega})$ 在[0,2 π]上进行采样，采样频率点由矢量 $w$ 指定。

h=freqz(b,a,f,$F_\mathrm{s}$)；用于对 $H(\mathrm{e}^{\mathrm{j}\omega})$ 在[0,$F_\mathrm{s}$]上采样，采样频率点由矢量 $f$ 指定。

freqz(b,a,n)；用于在当前图形窗口中绘制幅频和相频特性曲线。

### 2. text

功能：在图形上标注文字说明。

调用格式：

text(xt,yt,'string')；在图面上($xt$，$yt$)坐标处书写文字说明。其中，文字说明字符串必须使用单引号标注。

## 2.14.3　实验原理

### 1. 离散系统频率响应的基本概念

已知稳定系统传递函数的零-极点增益（zpk）模型为

$$H(z) = K \frac{\prod\limits_{m=1}^{M}(z - c_m)}{\prod\limits_{n=1}^{N}(z - d_n)}$$

则系统的频响函数为

$$H(\mathrm{e}^{\mathrm{j}\omega}) = H(z)\Big|_{z=\mathrm{e}^{\mathrm{j}\omega}} = K \frac{\prod\limits_{m=1}^{M}(\mathrm{e}^{\mathrm{j}\omega} - c_m)}{\prod\limits_{n=1}^{N}(\mathrm{e}^{\mathrm{j}\omega} - d_n)} = K \frac{\prod\limits_{m=1}^{M}C_m \mathrm{e}^{\mathrm{j}\alpha_m}}{\prod\limits_{n=1}^{N}D_n \mathrm{e}^{\mathrm{j}\beta_n}} = \left|H(\mathrm{e}^{\mathrm{j}\omega})\right| \mathrm{e}^{\mathrm{j}\varphi(\omega)}$$

其中，系统的幅度频响特性为

$$\left|H(\mathrm{e}^{\mathrm{j}\omega})\right| = K \frac{\prod\limits_{m=1}^{M}C_m}{\prod\limits_{n=1}^{N}D_n}$$

系统的相位频响特性为

$$\varphi(\omega) = \sum_{m=1}^{M}\alpha_m - \sum_{n=1}^{N}\beta_n$$

由此可见，系统函数与频率响应有着密切的联系。适当地控制系统函数的极点、零点的分布，可以改变离散系统的频率响应特性。

（1）在原点（$z = 0$）处的零点或极点至单位圆的距离始终保持不变，其值 $\left|e^{j\omega}\right| = 1$，所以对幅度响应不起作用。

（2）单位圆附近的零点对系统幅度响应的波谷的位置及深度有明显的影响。

（3）单位圆内且靠近单位圆附近的极点对系统幅度响应的波峰位置及峰度有明显的影响。

**2．系统的频率响应特性**

与连续系统相同，MATLAB 为求解离散系统的频率响应提供了 freqz 子函数。

【例 2-60】 已知离散时间系统的系统函数如下，求该系统在 $0\sim\pi$ 频率范围内的相对幅度频率响应与相位频率响应。

$$H(z) = \frac{0.1321 - 0.3963z^{-2} + 0.3963z^{-4} - 0.1321z^{-6}}{1 + 0.34319z^{-2} + 0.60439z^{-4} + 0.20407z^{-6}}$$

**解**：程序如下。

```
b=[0.1321,0,-0.3963,0,0.3963,0,-0.1321];
a=[1,0,0.34319,0,0.60439,0,0.20407];
freqz(b,a);
```

以上程序采用了 freqz 不带输出向量的形式，直接出图。

由图 2-66 可知，该系统是一个 IIR 数字带通滤波器。其中，幅频特性采用归一化的相对幅度值，以分贝（dB）为单位。

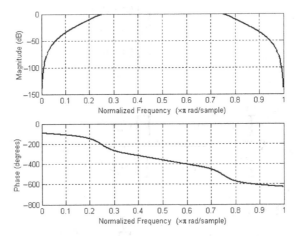

图 2-66　例 2-60 系统的幅度频率响应与相位频率响应

【例 2-61】 已知离散时间系统的系统函数，求该系统在 $0\sim\pi$ 频率范围内，归一化的绝对幅度频率响应与相位频率响应。

$$H(z) = \frac{0.2 + 0.1z^{-1} + 0.3z^{-2} + 0.1z^{-3} + 0.2z^{-4}}{1 - 1.1z^{-1} + 1.5z^{-2} - 0.7z^{-3} + 0.3z^{-4}}$$

**解：** MATLAB 程序如下。

```
b=[0.2,0.1,0.3,0.1,0.2];
a=[1,-1.1,1.5,-0.7,0.3];
n=(0:500)*pi/500;                    %在 pi 的范围内取 501 个采样点
[h,w]=freqz(b,a,n);                  %求系统的频率响应
subplot(2,1,1),plot(n/pi,abs(h)); grid    %作系统的幅度频响图
axis([0,1,1.1*min(abs(h)),1.1*max(abs(h))]);
ylabel('幅度');
subplot(2,1,2),plot(n/pi,angle(h)); grid   %作系统的相位频响图
axis([0,1,1.1*min(angle(h)),1.1*max(angle(h))]);
ylabel('相位');xlabel('以 pi 为单位的频率');
```

由图 2-66 可知，该系统是一个低通滤波器。其中，幅频特性采用归一化的绝对幅度值。

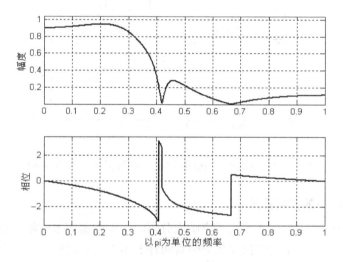

图 2-67　例 2-61 系统的幅度频率响应与相位频率响应

**【例 2-62】** 已知离散时间系统的系统函数，求该系统在 0~π 频率范围内，归一化的绝对幅度频率响应、相对幅度频率响应、相位频率响应及零极点图。

$$H(z) = \frac{0.1 - 0.4z^{-1} + 0.4z^{-2} - 0.1z^{-3}}{1 + 0.3z^{-1} + 0.55z^{-2} + 0.2z^{-3}}$$

**解：** MATLAB 程序如下，执行结果如图 2-68 所示。

```
b=[0.1,-0.4,0.4,-0.1];
a=[1,0.3,0.55,0.2];
n=(0:500)*pi/500;
[h,w]=freqz(b,a,n);
db=20*log10(abs(h));                 %求系统的相对幅频响应值
subplot(2,2,1),plot(w/pi,abs(h));grid    %作系统的绝对幅度频响图
```

```
axis([0,1,1.1*min(abs(h)),1.1*max(abs(h))]);
title('幅频特性/V');
subplot(2,2,2),plot(w/pi,angle(h));grid          %作系统的相位频响图
axis([0,1,1.1*min(angle(h)),1.1*max(angle(h))]);
title('相频特性');
subplot(2,2,3),plot(w/pi,db);grid                %作系统的相对幅度频响图
axis([0,1,-100,5]);
title('幅频特性/dB');
subplot(2,2,4),zplane(b,a);                      %作零极点分布图
title('零极点分布');
```

由图 2-68 可知，该系统是一个高通滤波器。

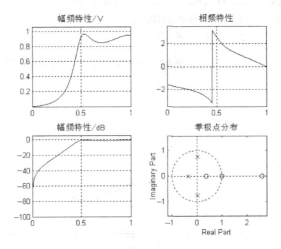

图 2-68　例 2-62 系统的幅频响应、相频响应及零极点分布图

### 3. 求解频率响应的实用程序

在实际使用 freqz 进行离散系统频率响应分析时，通常需要求解幅频响应、相频响应和群时延，幅频响应又分为绝对幅频和相对幅频两种表示方法。这里介绍一个求解频率响应的实用程序 freqz_m.m。利用这个程序，可以方便地满足上述要求。

```
function [db,mag,pha,grd,w]=freqz_m(b,a);
[H,w]=freqz(b,a,1000,'whole');
H=(H(1:501))';w=(w(1:501))';
mag=abs(H);
db=20*log10((mag+eps)/max(mag));
pha=angle(H);
grd=grpdelay(b,a,w);
```

freqz_m 子函数是 freqz 函数的修正函数，可获得幅值响应（绝对和相对）、相位响应及群迟延响应。

其中，*db* 中记录了一组对应[0，π] 频率区域的相对幅值响应值；*mag* 中记录了一组对应[0，π] 频率区域的绝对幅值响应值；*pha* 中记录了一组对应[0，π] 频率区域的相位响应

值；grd 中记录了一组对应[0，π] 频率区域的群迟延响应值；w 中记录了对应[0，π] 频率区域的 501 个频点的频率值。

下面举例说明其使用方法。

【例 2-63】　已知离散时间系统的系统函数如下，求该系统在 0～π 频率范围内的绝对幅频响应、相对幅频响应、相位频率响应及群迟延。

$$H(z) = \frac{0.1321 + 0.3963z^{-2} + 0.3963z^{-4} + 0.1321z^{-6}}{1 - 0.34319z^{-2} + 0.60439z^{-4} - 0.20407z^{-6}}$$

**解：** MATLAB 程序如下，响应曲线如图 2-69 所示。

```
b=[0.1321,0, 0.3963,0, 0.3963,0,0.1321];
a=[1,0,−0.34319,0, 0.60439, 0,−0.20407];
[db,mag,pha,grd,w]=freqz_m(b,a);
subplot(2,2,1),plot(w/pi,mag);grid %作绝对幅度频响图
axis([0,1,1.1*min(mag),1.1*max(mag)]);
title('幅频特性/V');
subplot(2,2,2),plot(w/pi,pha);grid    %作相位频响图
axis([0,1,1.1*min(pha),1.1*max(pha)]);
title('相频特性');
subplot(2,2,3),plot(w/pi,db);grid      %作相对幅度频响图
axis([0,1,−100,5]);
title('幅频特性/dB');
subplot(2,2,4),plot(w/pi,grd);grid     %作系统的群迟延图
title('群迟延');
```

由图 2-69 可知，该系统是一个带阻滤波器。

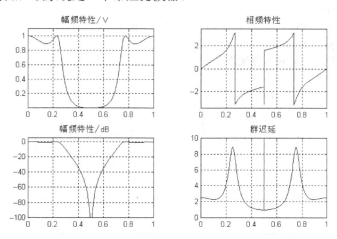

图 2-69　例 2-63 用 freqz_m 子函数求系统的频率响应曲线

### 4. 系统零极点的位置对系统频率响应的影响

系统零极点的位置对系统响应有着非常明显的影响。为了更清楚地观察零极点的影响，选择最简单的一阶系统为例，且仅选择其中一种情况进行分析。实际情况要比例题的情况复杂，如零点或极点不在原点、零极点之间的相对位置等情况。

**【例 2-64】** 观察系统极点的位置对幅频响应的影响。

已知一阶离散系统的传递函数为 $H(z) = (z - q_1)/(z - p_1)$，假设系统的零点 $q_1$ 在原点，$p_1$ 分别取 0.2、0.5、0.8，比较它们的幅频响应曲线，从中了解系统极点的位置对幅频响应有何影响。

**解：** MATLAB 程序如下，3 种情况下零极点分布图和幅频响应曲线如图 2-70 所示。

```
z=[0]';k=1;                          %设零点在原点处，k 为 1
n=(0:500)*pi/500;
p1=[0.2]';                           %极点在 0.2 处
[b1,a1]=zp2tf(z,p1,k);               %由 zpk 模式求 tf 模式 b 和 a 系数
[h1,w]=freqz(b1,a1,n);               %求系统的频率响应
subplot(2,3,1),zplane(b1,a1);        %作零极点分布图
title('极点 p1=0.2');
p2=[0.5]';                           %极点在 0.5 处
[b2,a2]=zp2tf(z,p2,k);
[h2,w]=freqz(b2,a2,n);
subplot(2,3,2),zplane(b2,a2);
title('极点 p1=0.5');
p3=[0.8]';                           %极点在 0.8 处
[b3,a3]=zp2tf(z,p3,k);
[h3,w]=freqz(b3,a3,n);
subplot(2,3,3),zplane(b3,a3);
title('极点 p1=0.8');
%同时显示 p1 分别取 0.2、0.5、0.8 时的幅频响应
subplot(2,1,2),plot(w/pi,abs(h1),w/pi,abs(h2),w/pi,abs(h3));
axis([0,1,0,5]);
text(0.08,1,'p1=0.2');               %在曲线上标注文字说明
text(0.05,2,'p1=0.5');
text(0.08,3.5,'p1=0.8');title('幅频特性');
```

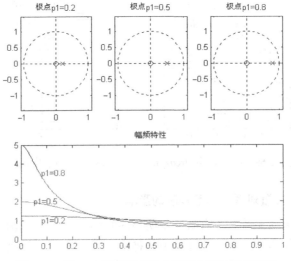

图 2-70　例 2-64 系统极点的位置对幅频响应的影响

由图 2-70 可知，这些一阶系统是滤波性能较差的低通滤波器。越靠近单位圆的极点，对系统幅度响应波峰的位置及峰度影响越明显。如在 $\omega \to 0$ 处，$p_1 = 0.8$ 时比 $p_1 = 0.2$ 和 $p_1 = 0.5$ 更接近单位圆，因此，幅度响应波峰的峰度比其他两种情况陡峭。

【例2-65】 观察系统零点的位置对幅频响应的影响。

已知一阶离散系统的传递函数为 $H(z) = (z - q_1)/(z - p_1)$，假设系统的极点 $p_1$ 在原点，零点 $q_1$ 分别取 0.2、0.5、0.8，比较它们的幅频响应曲线，从中了解系统零点的位置对幅频响应有何影响。

**解：** MATLAB 程序如下，3 种情况下零极点分布图和幅频响应曲线如图 2-71 所示。

```
p=[0]';k=1;                          %设极点在原点处，k 为 1
n=(0:500)*pi/500;
z1=[0.2]';                           %零点在 0.2 处
[b1,a1]=zp2tf(z1,p,k);
[h1,w]=freqz(b1,a1,n);
subplot(2,3,1),zplane(b1,a1);
title('零点 q1=0.2');
z2=[0.5]';                           %零点在 0.5 处
[b2,a2]=zp2tf(z2,p,k);
[h2,w]=freqz(b2,a2,n);
subplot(2,3,2),zplane(b2,a2);
title('零点 q1=0.5');
z3=[0.8]';                           %零点在 0.8 处
[b3,a3]=zp2tf(z3,p,k);
[h3,w]=freqz(b3,a3,n);
subplot(2,3,3),zplane(b3,a3);
title('零点 q1=0.8');
%同时显示 q1 分别取 0.2、0.5、0.8 时的幅频响应
subplot(2,1,2),plot(w/pi,abs(h1),w/pi,abs(h2),w/pi,abs(h3));
text(0.2,1,'q1=0.2');
text(0.1,1.4,'q1=0.5');
text(0.2,1.7,'q1=0.8');title('幅频特性');
```

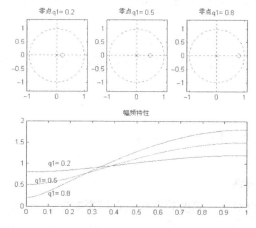

图 2-71　例 2-65 系统零点的位置对幅频响应的影响

由图 2-71 可知，这些一阶系统是滤波性能较差的高通滤波器。零点的位置越接近单位圆，对系统幅度响应的波谷的位置及深度的影响越明显。如在 $\omega \to 0$ 处，$q_1 = 0.8$ 时比 $q_1 = 0.2$ 和 $q_1 = 0.5$ 更接近单位圆，因此，幅度响应波谷的深度比其他两种情况明显。

### 2.14.4　实验任务

（1）阅读并输入实验原理中介绍的例题程序，理解每一条程序的含义，观察程序输出图形，并通过图形了解系统频率响应的概念，分析系统零极点对频率响应的影响。

（2）已知离散时间系统的传递函数 $H(z) = (2 + 3z^{-1})/(1 + 0.4z^{-1} + z^{-2})$，求该系统在 $0\sim\pi$ 频率范围内的相对幅度频率响应与相位频率响应曲线。

（3）已知离散时间系统的零-极点增益模型如下：

$$H(z) = \frac{z(z+2)}{(z-0.3)(z-0.4)(z-0.6)}$$

求该系统在 $0\sim\pi$ 频率范围内的绝对、相对幅度频率响应、相位频率响应曲线以及零极点分布图。

（4）已知离散时间系统的系统函数如下，求该系统在 $0\sim\pi$ 频率范围内的绝对幅频响应、相对幅频响应、相位频率响应及群迟延。

$$H(z) = \frac{0.187632 - 0.241242z^{-2} + 0.241242z^{-4} - 0.187632z^{-6}}{1 + 0.602012\,z^{-2} + 0.495684z^{-4} + 0.0359244z^{-6}}$$

\*（5）试用 MATLAB 观察系统极点的位置对幅频响应的影响。

已知一阶离散系统的传递函数为 $H(z) = (z - q_1)/(z - p_1)$，假设系统的零点 $q_1 = -1$，$p_1$ 分别取-0.2、-0.5、-0.8，比较它们的幅频响应曲线，从中了解系统极点的位置对幅频响应有何影响。

### 2.14.5　实验预习

（1）认真阅读实验原理，明确本次实验任务，读懂各函数和例题程序，了解实验方法。

（2）根据实验任务，预先编写实验程序。

（3）预习思考题：利用 MATLAB，如何求解离散系统的幅频响应和相频响应？

### 2.14.6　实验报告

（1）列写调试通过的实验程序及运行结果。

（2）思考题如下：

1）回答实验预习思考题。

2）离散系统的零极点对系统幅度频率响应有何影响？

# 2.15　IIR 数字滤波器的设计

## 2.15.1　实验目的

（1）初步了解 MATLAB 信号处理工具箱中 IIR 数字滤波器设计的常用函数。

（2）学习编写简单的 IIR 数字滤波器设计程序。

## 2.15.2　实验涉及的 MATLAB 子函数

### 1. buttord

功能：确定巴特沃斯（Butterworth）滤波器阶数和 3dB 截止频率。

调用格式：

[n,wn]=buttord(wp,ws,Rp,As); 计算巴特沃斯数字滤波器的阶数和 3dB 截止频率。其中，$0 \leqslant w_p$（或 $w_s$）$\leqslant 1$，其值为 1 时表示 $0.5F_s$（取样频率）。$R_p$ 为通带最大衰减指标，$A_s$ 为阻带最小衰减指标。

[n,wn]=buttord(wp,ws,Rp,As,'s'); 计算巴特沃斯模拟滤波器的阶数和 3dB 截止频率。$w_p,w_s$ 可以是实际的频率值或角频率值，$w_n$ 将取相同的量纲。

当 $w_p > w_s$ 时，为高通滤波器；$w_p,w_s$ 为二元向量时，则为带通或带阻滤波器，此时 $w_n$ 也为二元向量。

### 2. cheb1ord

功能：确定切比雪夫（Chebyshev）Ⅰ型滤波器阶数和通带截止频率。

调用格式：

[n,wn]=cheb1ord(wp,ws,Rp,As); 计算切比雪夫Ⅰ型数字滤波器的阶数和通带截止频率。其中，$0 \leqslant w_p$（或 $w_s$）$\leqslant 1$，其值为 1 时表示 $0.5F_s$。$R_p$ 为通带最大衰减指标，$A_s$ 为阻带最小衰减指标。

[n,wn]=cheb1ord(wp,ws,Rp,As,'s'); 计算切比雪夫Ⅰ型模拟滤波器的阶数和通带截止频率。$w_p,w_s$ 可以是实际的频率值或角频率值，$w_n$ 将取相同的量纲。

当 $w_p > w_s$ 时，为高通滤波器；$w_p,w_s$ 为二元向量时，则为带通或带阻滤波器，此时 $w_n$ 也为二元向量。

### 3. cheb2ord

功能：确定切比雪夫（Chebyshev）Ⅱ型滤波器阶数和阻带截止频率。

调用格式：

[n,wn]=cheb2ord(wp,ws,Rp,As); 计算切比雪夫Ⅱ型数字滤波器的阶数和阻带截止频率。其中，$0 \leqslant w_p$（或 $w_s$）$\leqslant 1$，其值为 1 时表示 $0.5F_s$。$R_p$ 为通带最大衰减指标，$A_s$ 为阻带最小衰减指标。

[n,wn]=cheb2ord(wp,ws,Rp,As,'s'); 计算切比雪夫Ⅱ型模拟滤波器的阶数和阻带截止频率。$w_p,w_s$ 可以是实际的频率值或角频率值，$w_n$ 将取相同的量纲。

当 $w_p > w_s$ 时，为高通滤波器；$w_p, w_s$ 为二元向量时，则为带通或带阻滤波器，此时 $w_n$ 也为二元向量。

### 4. ellipord

功能：确定椭圆（Ellipse）滤波器阶数和通带截止频率。

调用格式：

[n,wn]=ellipord(wp,ws,Rp,As); 计算椭圆数字滤波器的阶数和通带截止频率。其中，$0 \leqslant w_p$（或 $w_s$）$\leqslant 1$，其值为 1 时表示 $0.5F_s$。$R_p$ 为通带最大衰减指标，$A_s$ 为阻带最小衰减指标。

[n,wn]=ellipord(wp,ws,Rp,As,'s'); 计算椭圆模拟滤波器的阶数和通带截止频率。$w_p, w_s$ 可以是实际的频率值或角频率值，$w_n$ 将取相同的量纲。

当 $w_p > w_s$ 时，为高通滤波器；$w_p, w_s$ 为二元向量时，则为带通或带阻滤波器，此时 $w_n$ 也为二元向量。

### 5. butter

功能：设计巴特沃斯（Butterworth）模拟或数字滤波器。

调用格式：

[b,a]=butter(n,wn); 设计截止频率为 $w_n$ 的 $n$ 阶巴特沃斯数字滤波器。

$$H(z) = \frac{B(z)}{A(z)} = \frac{b(1) + b(2)z^{-1} + \cdots + b(n+1)z^{-n}}{1 + a(2)z^{-1} + \cdots + a(n+1)z^{-n}} \qquad (2\text{-}15\text{-}1)$$

其中，截止频率是幅度下降到 $1/\sqrt{2}$ 处的频率。$w_n \in [0,1]$，其中 1 对应 $0.5F_s$（取样频率）。$w_n = [w_1, w_2]$ 时，产生数字带通滤波器。

[b,a]=butter(n, wn,'ftype'); 可设计高通和带阻数字滤波器。ftype=high 时，设计高通滤波器；ftype=stop 时，设计带阻滤波器，此时 $w_n = [w_1, w_2]$。

[b,a]=butter(n, wn,'s'); 设计截止频率为 $w_n$ 的 $n$ 阶巴特沃斯模拟低通或带通滤波器。其中 $w_n > 0$。

$$H(s) = \frac{B(s)}{A(s)} = \frac{b(1)s^n + b(2)s^{n-1} + \cdots + b(n+1)}{s^n + a(2)s^{n-1} + \cdots + a(n+1)} \qquad (2\text{-}15\text{-}2)$$

[b,a]=butter(n,wn,'ftype','s'); 设计截止频率为 $w_n$ 的 $n$ 阶巴特沃斯模拟高通或带阻滤波器。

[z,p,k]=butter(n,wn) 和 [z,p,k]=butter(n,wn,'ftype') 可得到巴特沃斯滤波器的零极点增益表示。

[A,B,C]=butter(n,wn) 和 [A,B,C]=butter(n,wn,'ftype') 可得到巴特沃斯滤波器的状态空间表示。

### 6. cheby1

功能：设计 Chebyshev(切比雪夫) I 型滤波器（通带等波纹）。

格式：

[b,a]= cheby1(n,Rp,Wn); 设计截止频率为 $w_n$ 的 $n$ 阶切比雪夫 I 型数字低通和带通滤波器。

[b,a]= cheby1(n,Rp,Wn,'ftype'); 设计截止频率为 $w_n$ 的 $n$ 阶切比雪夫 I 型数字高通和带阻滤波器。

[b,a]= cheby1(n,Rp,Wn,'s'); 设计切比雪夫 I 型模拟低通和带通滤波器。

[b,a]= cheby1(n,Rp,Wn,'ftype','s')；设计模拟高通和带阻滤波器。

[z,p,k]= cheby1(...)；可得到切比雪夫Ⅰ型滤波器的零极点增益表示。

[A,B,C,D]= cheby1(...)；可得到切比雪夫Ⅰ型滤波器的状态空间表示。

说明：ChebyshevⅠ型滤波器其通带内为等波纹，阻带内为单调。ChebyshevⅠ型滤波器的下降斜率比Ⅱ型大，其代价是在通带内波纹较大。

与butter函数类似，cheby1函数可设计数字域和模拟域的ChebyshevⅠ型滤波器。其通带内的波纹由 $R_p$（分贝）确定。其他各公式的使用方法与 butter 函数相同，可参考相应公式。

### 7. cheby2

功能：设计Chebyshev(切比雪夫)Ⅱ型滤波器（阻带等波纹）。

调用格式：

[b,a]= cheby2(n,As,Wn)；设计截止频率为 $w_n$ 的 $n$ 阶切比雪夫Ⅱ型数字低通和带通滤波器。

[b,a]= cheby2(n,As,Wn,'ftype')；设计截止频率为 $w_n$ 的 $n$ 阶切比雪夫Ⅱ型数字高通和带阻滤波器。

[b,a]= cheby2(n,As,Wn,'s')；设计切比雪夫Ⅱ型模拟低通和带通滤波器。

[b,a]= cheby2(n,As,Wn,'ftype','s')；设计模拟高通和带阻滤波器。

[z,p,k]= cheby2(...)；可得到切比雪夫Ⅱ型滤波器的零极点增益表示。

[A,B,C,D]= cheby2(...)；可得到切比雪夫Ⅱ型滤波器的状态空间表示。

说明：cheby2 函数其通带内为单调，阻带内为等波纹。因此，由 $A_s$ 确定阻带内的波纹。其他各公式的使用方法与butter函数相同，可参考相应公式。

### 8. ellip

功能：Ellipse (椭圆)滤波器设计。

格式：

[b,a]= ellip (n,Rp,As,Wn)；设计截止频率为 $w_n$ 的 $n$ 阶椭圆数字低通和带通滤波器。

[b,a]= ellip (n,Rp,As,Wn,'ftype')；设计截止频率为 $w_n$ 的 $n$ 阶椭圆数字高通和带阻滤波器。

[b,a]= ellip (n,Rp,As,Wn,'s')；设计椭圆模拟低通和带通滤波器。

[b,a]= ellip (n,Rp,As,Wn,'ftype', 's')；设计模拟高通和带阻滤波器。

[z,p,k]= ellip (...)；可得到椭圆滤波器的零极点增益表示。

[A,B,C,D]= ellip (...)；可得到椭圆滤波器的状态空间表示。

Ellip 函数可得到下降斜度更大的滤波器，但在通带和阻带内均为等波动的。椭圆滤波器能以最低的阶数实现指定的性能。

## 2.15.3 实验原理

IIR 数字滤波器的设计以模拟滤波器设计为基础，常用的类型分为巴特沃斯（Butterworth）、切比雪夫（Chebyshev）Ⅰ型、切比雪夫Ⅱ型、贝塞尔（Bessel）、椭圆等多种。在 MATLAB 信号处理工具箱里，提供了这些类型的 IIR 数字滤波器设计子函数。

本实验采用 IIR 数字数字滤波器的直接设计法。

### 1. IIR 数字低通滤波器的设计

**【例 2-66】** 已知数据采样频率为 1000Hz，现要设计一 6 阶的巴特沃斯数字低通滤波器，截止频率为 200Hz，求其幅频、相频特性曲线，及滤波器的冲激响应。

**解：** 求解低通滤波器的幅频、相频特性程序如下。

```
[b,a]=butter(6,200/1000*2);          %Wn=fc/(Fs/2)
freqz(b,a,128,1000);
```

程序运行结果如图 2-72 所示。

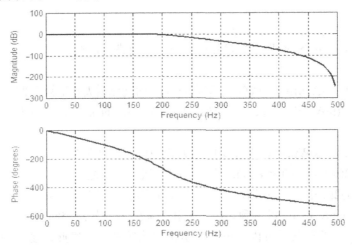

图 2-72  低通滤波器的幅频和相频曲线

若将上述程序改为

```
[b,a]=butter(6,200/1000*2);
impz(b,a);
```

显示滤波器的冲激响应，如图 2-73 所示。

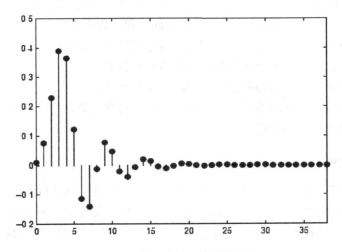

图 2-73  低通滤波器的冲激响应

【例2-67】 设计一个切比雪夫Ⅰ型数字低通滤波器，要求通带$f_p=150\text{Hz}$，$R_p=1\text{dB}$；阻带$f_S=250\text{Hz}$，$A_S=20\text{dB}$，滤波器采样频率$F_S=1000\text{Hz}$。求其相对幅频特性和相频特性曲线。

　　**解：** 求解低通滤波器的相对幅频、相频特性程序如下，运行结果如图2-74所示。

```
fp=150;fs=250;Fs=1000;                %输入已知技术指标
wp=fp/Fs*2;                           %数字滤波器的通带截止频率
ws=fs/Fs*2;                           %数字滤波器的阻带截止频率
Rp=1;As=20;                           %输入滤波器的通阻带衰减指标
[n,wc]=cheb1ord(wp,ws,Rp,As);        %计算数字滤波器 n 和 ωc
[b,a]=cheby1(n,Rp,wc)                 %求滤波器的系数
[H,w]=freqz(b,a);                     %求频率特性
dbH=20*log10(abs(H)/max(abs(H)));    %化为归一化的分贝值
subplot(2,1,1),plot(w/pi,dbH);       %作幅频特性，横轴为归一化的数字频率
title('幅度响应');axis([0,1,-60,5]);
ylabel('dB');
set(gca,'XTickMode','manual','XTick',[0,wp,ws,1]);
set(gca,'YTickMode','manual','YTick',[-40,-20,0]);grid
subplot(2,1,2),plot(w/pi,angle(H));  %作相频特性曲线
title('相位响应');axis([0,1,-pi,pi]);
ylabel('\phi');
set(gca,'XTickMode','manual','XTick',[0,wp,ws,1]);
set(gca,'YTickMode','manual','YTick',[-pi,0,pi]);grid
```

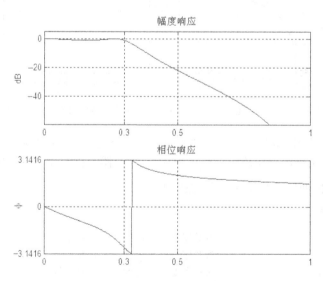

图2-74　例2-67切比雪夫Ⅰ型数字低通幅频和相频特性

## 2. IIR数字高通滤波器的设计

【例2-68】 设计一个3阶的切比雪夫Ⅰ型数字高通滤波器，已知截止频率$\omega_c=0.4$，通带衰减$R_p=1\text{dB}$，阻带衰减$A_S=20\text{dB}$。要求画出其绝对和相对幅频特性曲线。

**解：** 求解高通滤波器的绝对和相对幅频特性程序如下。

```
wc=0.4;n=3;Rp=1;                    %输入已知技术指标
[b,a]=cheby1(n,Rp,wc,'high');       %求数字滤波器的系数
[db,mag,pha,grd,w]=freqz_m(b,a);    %求频率响应
subplot(2,1,1);plot(w/pi,mag);      %作绝对幅频特性曲线
axis([0 1 -0.1 1.2]);grid
ylabel('|H(jw)|');
subplot(2,1,2);plot(w/pi,db);       %作相对幅频特性曲线
axis([0 1 -150 10]);grid;
ylabel('G/db');
```

程序运行结果如图 2-75 所示。阻带衰减 $A_S$=20dB 并未在程序中体现，这一条件可在检查结果时使用。

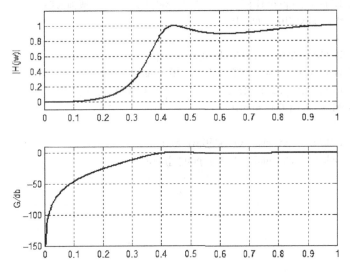

图 2-75　例 2-68 切比雪夫 I 型数字高通滤波器绝对和相对幅频特性曲线

【例 2-69】 采用 MATLAB 直接法设计一个巴特沃斯数字高通滤波器，要求 $\omega_p = 0.4\pi$，$R_p = 1$dB；$\omega_S = 0.25\pi$，$A_S = 20$dB，滤波器采样频率 $F_S = 200$Hz。要求描绘其幅频特性和相频特性曲线，列写系统传递函数表达式。

**解：** 程序如下。

```
ws=0.25;                    %数字滤波器的阻带截止频率
wp=0.4;                     %数字滤波器的通带截止频率
Rp=1;As=20;                 %输入滤波器的通阻带衰减指标
Fs=200;
[n,wc]=buttord(wp,ws,Rp,As) %计算阶数 n 和截止频率
[b,a]=butter(n,wc,'high')   %直接求数字高通滤波器系数
freqz(b,a);                 %求数字系统的频率特性
```

程序执行的结果如图 2-76a 所示。从图中可知，横轴是归一化的频率坐标，其单位是

π，长度对应采样频率的一半。如果要显示实际的频率，可以将最后一条程序改为

　　　freqz(b,a,512,Fs);　　　　　　%求数字系统的频率特性

此时执行的结果如图 2-76b 所示。从图中可知，横轴是实际的频率坐标，其单位为 Hz，长度对应采样频率的一半。两个图形是完全一致的，差别仅在于频率轴的标注。

　　　该系统的

　　　n = 6

　　　wc = 0.3475

　　　b =　0.1049　−0.6291　1.5728　−2.0971　1.5728　−0.6291　0.1049

　　　a =　1.0000　−1.8123　2.0099　−1.2627　0.5030　−0.1116　0.0110

传递函数应为

$$H(z) = \frac{0.1049 - 0.6291z^{-1} + 1.5728z^{-2} - 2.0971z^{-3} + 1.5728z^{-4} - 0.6291z^{-5} + 0.1049z^{-6}}{1 - 1.8123z^{-1} + 2.0099z^{-2} - 1.2627z^{-3} + 0.503z^{-4} - 0.1116z^{-5} + 0.011z^{-6}}$$

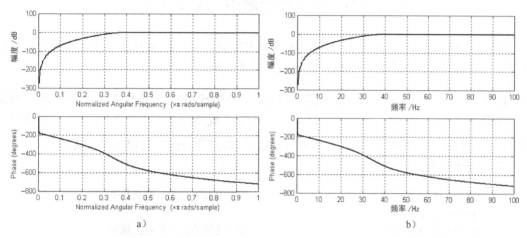

图 2-76　例 2-69 用直接法设计的巴特沃斯数字高通滤波器特性

### 3. IIR 数字带通滤波器的设计

【例 2-70】　设计一个 3 阶椭圆数字带通滤波器，已知截止频率 $\omega_{c1} = 0.3\pi$，$\omega_{c2} = 0.7\pi$，通带衰减 $R_p = 1\text{dB}$，阻带衰减 $A_S = 30\text{dB}$。要求画出其相对幅频特性曲线和相频特性曲线。

　　　**解：** 程序如下，结果如图 2-77 所示。

```
wc1=0.3;wc2=0.7;n=3;As=30;Rp=1;        %输入已知技术指标
[b,a]=ellip(n,Rp,As,[wc1 wc2]);        %求数字滤波器的系数
[db,mag,pha,grd,w]=freqz_m(b,a);       %求数字系统的频率特性
subplot(2,1,1);plot(w/pi,db);          %作相对幅频特性
axis([0,1,-60,+1]);
ylabel('G/db');grid
subplot(2,1,2);plot(w/pi,pha);         %作相频特性
ylabel('Φ(jω)');grid;
```

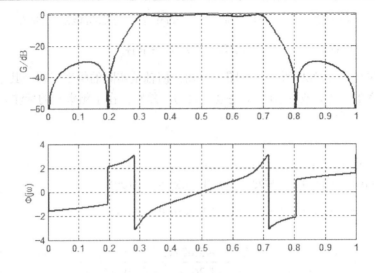

图 2-77　例 2-70 带通滤波器的相对幅频特性曲线和相频特性曲线

**注意**：对设计指标要求的 3 阶带通或带阻 IIR 滤波器，即 $n=3$，由于默认采用双线性设计法由低通滤波器计算求得，所以设计结果实际为 6 阶。

**【例 2-71】** 采用 MATLAB 直接法设计一个切比雪夫 I 型数字带通滤波器，要求 $\omega_{p1}=0.25\pi$，$\omega_{p2}=0.75\pi$，$R_p=1\text{dB}$；$\omega_{s1}=0.15\pi$，$\omega_{s2}=0.85\pi$，$A_s=20\text{dB}$。要求描绘滤波器归一化的绝对和相对幅频特性、相频特性、零极点分布图，列出系统传递函数式。

**解**：程序如下。

```
wp1=0.25;wp2=0.75;                              %数字滤波器的通带截止频率
wp=[wp1,wp2];
ws1=0.15;ws2=0.85;                              %数字滤波器的阻带截止频率
ws=[ws1,ws2];
Rp=1;As=20;                                     %输入滤波器的通阻带衰减指标
[n,wc]=cheb1ord(wp,ws,Rp,As)                    %计算阶数 n 和截止频率
[b,a]=cheby1(n,Rp,wc)                           %直接求数字带通滤波器系数
[H,w]=freqz(b,a);                               %求数字系统的频率特性
dbH=20*log10((abs(H)+eps)/max(abs(H)));         %化为分贝值
subplot(2,2,1),plot(w/pi,abs(H));
subplot(2,2,2),plot(w/pi,angle(H));
subplot(2,2,3),plot(w/pi,dbH);
subplot(2,2,4),zplane(b,a);
```

程序执行结果为

```
n =  3
wc = 0.2500   0.7500
b =  0.1321    0   -0.3964    0    0.3964    0   -0.1321
a =  1.0000    0    0.3432    0    0.6044    0    0.2041
```

由图 2-78 可知，这是一个归一化的频率响应曲线，基本满足通阻带设计指标。该系统是一个 6 阶的切比雪夫 I 型数字带通滤波器，其传递函数为

$$H(z) = \frac{0.1321 - 0.3964z^{-2} + 0.3964z^{-4} - 0.1321z^{-6}}{1 + 0.3432z^{-2} + 0.6044z^{-4} + 0.2041z^{-6}}$$

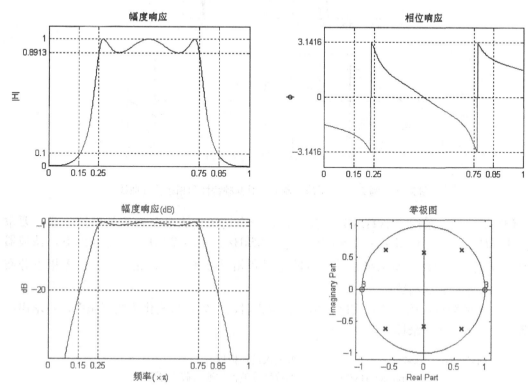

图 2-78　例 2-71 切比雪夫 I 型数字带通滤波器特性

### 4. IIR 数字带阻滤波器的设计

【**例 2-72**】 设计一个 3 阶切比雪夫 II 型数字带阻滤波器，已知截止频率 $\omega_{c1} = 0.25\pi$，$\omega_{c2} = 0.75\pi$，通带衰减 $R_p = 1$dB，阻带衰减 $A_S = 30$dB。要求画出其相对幅频特性曲线和相频特性曲线。

**解**：程序如下，结果如图 2-79 所示。

```
wc1=0.25;wc2=0.75;n=3;As=30;              %输入设计指标
[b,a]=cheby2(n,As,[wc1 wc2],'stop');      %求数字滤波器的系数
[db,mag,pha,grd,w]=freqz_m(b,a);          %求系统的频率特性
subplot(2,1,1);plot(w/pi,db);             %作相对幅频特性
axis([0,1,-60,+1]);
ylabel('G/db');grid
subplot(2,1,2);plot(w/pi,pha);            %作相频特性
ylabel('Φ(jω)');grid;
```

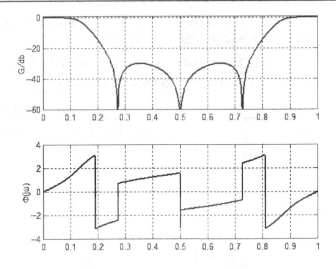

图 2-79　例 2-72 带阻滤波器的相对幅频特性和相频特性曲线

**【例 2-73】** 采用 MATLAB 直接法设计一个切比雪夫Ⅱ型数字带阻滤波器，要求 $f_{p1} = 1.5\text{kHz}$，$f_{p2} = 8.5\text{kHz}$，$R_p = 1\text{dB}$；$f_{s1} = 2.5\text{kHz}$，$f_{s2} = 7.5\text{kHz}$，$A_s = 20\text{dB}$，滤波器 采样频率 $F_s = 20\text{kHz}$。要求描绘滤波器的绝对和相对幅频特性、相频特性、零极点分布 图，列出系统的传递函数。

**解**：本例题给出的条件是实际频率，在编程时，首先要将其化为数字频率，将求出的 结果再化为实际频率来标注。

```
Fs=20;Rp=1;As=20;                    %输入设计指标
wp1=1.5/(Fs/2);wp2=8.5/(Fs/2);       %数字滤波器的通带截止频率
wp=[wp1,wp2];
ws1=2.5/(Fs/2);ws2=7.5/(Fs/2);       %数字滤波器的阻带截止频率
ws=[ws1,ws2];
[n,wc]=cheb2ord(wp,ws,Rp,As)         %计算阶数 n 和截止频率
[b,a]=cheby2(n,As,wc,'stop')         %直接求数字滤波器的系数
[H,w]=freqz(b,a,512,Fs);             %求数字系统的频率特性
```

作图部分省略，程序执行结果为

```
n =   3
wc = 0.2401    0.7599
b =  0.1770   0   0.2059   0   0.2059   0   0.1770
a =  1.0000   0 -0.7134   0   0.5301   0   -0.0509
```

由图 2-80 可以看出，这是一个实际的频率响应曲线，横轴上使用实际频率值，以 kHz 为单位。频率响应基本满足通阻带设计指标。系统是一个 6 阶的切比雪夫Ⅱ型数字带阻滤 波器，其传递函数为

$$H(z) = \frac{0.177 + 0.2059z^{-2} + 0.2059z^{-4} + 0.177z^{-6}}{1 - 0.7134z^{-2} + 0.5301z^{-4} - 0.0509z^{-6}}$$

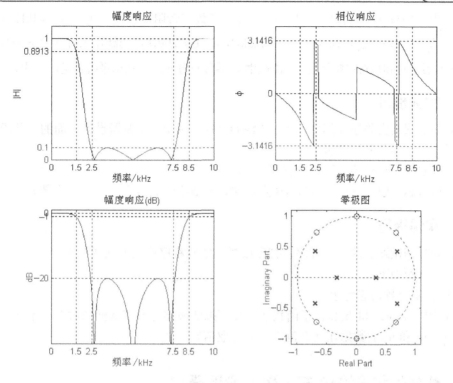

图 2-80　例 2-73 切比雪夫 II 型数字带阻滤波器特性

## 2.15.4　实验任务

（1）运行例题程序，理解例题中每条程序的含义及功能。

（2）设计一个 6 阶的 IIR 高通数字滤波器，采样频率为 10kHz，截止频率为 2.5kHz，通带衰减 $R_p$=1dB，阻带衰减 $A_s$=40dB。

1）用 freqz 函数分别设计和观察巴特沃斯、切比雪夫 I 型、切比雪夫 II 型数字滤波器的幅频特性和相频特性曲线。

2）用 freqz_m 函数设计和观察切比雪夫 I 型数字滤波器的绝对和相对幅频特性曲线。

（3）设计一个 3 阶的切比雪夫 I 型带通数字滤波器，其采样频率 $F_s$=6kHz，其通频带 0.75kHz<$f$<2.25kHz 内损耗不大于 1dB，阻带衰减不小于 20dB。

1）显示幅频特性和相频特性曲线。

2）写出其传递函数 $H(z)$。

（4）用 MATLAB 直接法设计切比雪夫 II 型数字低通滤波器，要求通带 $\omega_p = 0.2\pi$，$R_p = 1\text{dB}$；阻带 $\omega_s = 0.3\pi$，$A_s = 20\text{dB}$。请描绘滤波器归一化的绝对和相对幅频特性、相频特性、零极点分布图，列出系统传递函数式。

（5）用 MATLAB 直接法设计巴特沃斯型数字带通滤波器，要求 $f_{p1} = 3.5\text{kHz}$，$f_{p2} = 6.5\text{kHz}$，$R_p = 3\text{dB}$；$f_{s1} = 2.5\text{kHz}$，$f_{s2} = 7.5\text{kHz}$，$A_s = 15\text{dB}$，滤波器采样频率 $F_s = 20\text{kHz}$。请描绘滤波器绝对和相对幅频特性、相频特性、零极点分布图，列出系统传递函数式。

（6）用 MATLAB 直接法设计切比雪夫 I 型数字带阻滤波器，要求 $f_{p1} = 1\text{kHz}$，$f_{p2} = 4.5\text{kHz}$，$R_p = 1\text{dB}$；$f_{s1} = 2\text{kHz}$，$f_{s2} = 3.5\text{kHz}$，$A_s = 20\text{dB}$，滤波器采样频率 $F_s = 10\text{kHz}$。请描绘滤波器绝对和相对幅频特性、相频特性、零极点分布图，列出系统传递函数式。

### 2.15.5　实验预习

（1）仔细阅读实验原理部分，了解 MATLAB 有关 IIR 滤波器设计方面的各条函数的含义及使用方法，逐条分析例题程序。

（2）试根据实验任务编写设计程序。

（3）预习思考题：使用 MATLAB 直接法设计数字滤波器有哪些基本步骤？

### 2.15.6　实验报告

（1）列写调试通过的实验程序，打印或描绘实验程序产生的曲线图形。

（2）思考题如下：

1）回答实验预习思考题。

2）使用 buttord 和 butter 子函数在设计模拟滤波器与数字滤波器时有何不同？数字滤波器的 $w_p$、$w_s$ 和 $w_n$ 的数据在什么范围？如何取值？

## 2.16　用窗函数法设计 FIR 数字滤波器

### 2.16.1　实验目的

（1）了解 FIR 数字滤波器及窗函数设计法的特点。

（2）学习用窗函数法编写简单的 FIR 数字滤波器设计程序。

### 2.16.2　实验涉及的 MATLAB 子函数

**1. boxcar**

功能：矩形窗

格式：w=boxcar(n)

说明：boxcar(n)函数可产生一长度为 $n$ 的矩形窗函数。

**2. triang**

功能：三角窗

格式：w=triang(n)

说明：triang(n)函数可得到 $n$ 点的三角窗函数。三角窗系数为

当 n 为奇数时

$$w(k) = \begin{cases} \dfrac{2k}{n+1} & 1 \leqslant k \leqslant \dfrac{n+1}{2} \\ \dfrac{2(n-k+1)}{n+1} & \dfrac{n+1}{2} \leqslant k \leqslant n \end{cases}$$

当 $n$ 为偶数时

$$w(k) = \begin{cases} \dfrac{2k-1}{n} & 1 \leqslant k \leqslant \dfrac{n}{2} \\[2mm] \dfrac{2(n-k+1)}{n} & \dfrac{n}{2} \leqslant k \leqslant n \end{cases}$$

### 3. Bartlett

功能：Bartlett（巴特利特）窗。

格式：w=Bartlett(n)

说明：Bartlett(n)可得到 $n$ 点的 Bartlett 窗函数。Bartlett 窗函数系数为

$$w(k) = \begin{cases} \dfrac{2(k-1)}{n-1} & 1 \leqslant k \leqslant \dfrac{n+1}{2} \\[2mm] 2 - \dfrac{2(k-1)}{n-1} & \dfrac{n+1}{2} \leqslant k \leqslant n \end{cases}$$

### 4. hamming

功能：Hamming（哈明）窗。

格式：w=hamming(n)

说明：hamming(n)可产生 $n$ 点的 Hamming 窗，其系数为

$$w(k+1) = 0.54 - 0.46\cos\left(2\pi\frac{k}{n-1}\right) \qquad k = 0,1,\cdots,n-1$$

### 5. hanning

功能：Hanning（汉宁）窗。

格式：w=hanning(n)

说明：hanning(n)可产生 $n$ 点的 Hanning 窗，其系数为

$$w(k) = 0.5\left[1 - \cos\left(2\pi\frac{k}{n+1}\right)\right] \qquad k = 1,2,\cdots,n$$

### 6. blackman

功能：Blackman（布莱克曼）窗。

格式：w=blackman(n)

说明：blackman(n)可产生 $n$ 点的 Blackman 窗，其系数为

$$w(k) = 0.42 - 0.5\cos\left(2\pi\frac{k-1}{n-1}\right) + 0.08\cos\left(4\pi\frac{k-1}{n-1}\right) \qquad k = 1,2,\cdots,n$$

与等长度的 Hamming 和 Hanning 窗相比，Blackman 窗的主瓣稍宽，旁瓣稍低。

### 7. chebwin

功能：Chebyshev（切比雪夫）窗。

格式：w=chebwin(n,r)

说明：可产生 $n$ 点的 Chebyshev 窗函数，其傅里叶变换后的旁瓣波纹低于主瓣 $r$dB。

注意：当 $n$ 为偶数时，窗函数的长度为 $n+1$。

### 8. Kaiser

功能：Kaiser（凯塞）窗。

格式：w=kaiser（n,beta）

说明：可产生 $n$ 点的 Kaiser 窗函数,其中 *beta* 为影响窗函数旁瓣的 $\beta$ 参数，其最小的旁瓣抑制 $\alpha$ 与 $\beta$ 之间的关系为

$$\beta = \begin{cases} 0.1102(\alpha - 0.87) & \alpha > 50 \\ 0.5842(\alpha - 21)^{0.4} + 0.07886(\alpha - 21) & 21 \leqslant \alpha \leqslant 50 \\ 0 & \alpha < 21 \end{cases}$$

增加 $\beta$ 可使主瓣变宽，旁瓣的幅度降低。

### 9. fir1

功能：基于窗函数的 FIR 数字滤波器设计——标准频率响应。以经典方法实现加窗线性相位 FIR 滤波器设计，可以设计出标准的低通、带通、高通和带阻滤波器。

格式：

b=fir1(n,Wn); 设计截止频率为 $W_n$ 的 Hamming（哈明）加窗线性相位滤波器，滤波器系数包含在 $b$ 中。当 $0 \leqslant W_n \leqslant 1$（$W_n = 1$ 相应于 $0.5 F_S$）时，可得到 $n$ 阶低通 FIR 滤波器。

当 $W_n = [W_1, W_2]$ 时，fir1 函数可得到带通滤波器，其通带为 $\omega_1 < \omega < \omega_2$。

b=fir1(n,Wn,'ftype'); 可设计高通和带阻滤波器，由 ftype 决定。

1）当 ftype=high 时，设计高通 FIR 滤波器。

2）当 ftype=stop 时，设计带阻 FIR 滤波器。

在设计高通和带阻滤波器时，fir1 函数总是使用偶对称 $N$ 为奇数(即第一类线性相位 FIR 滤波器)的结构，因此，当输入的阶次为偶数时，fir1 函数会自动加 1。

b=fir1(n,Wn,Window); 则利用列矢量 *Window* 中指定的窗函数进行滤波器设计，*Window* 长度为 $n+1$。如果不指定 *Window* 参数，则 fir1 函数采用 Hamming 窗。

b=fir1(n,Wn,'ftype',Window); 可利用 *ftype* 和 *Window* 参数，设计各种加窗的滤波器。

由 fir1 函数设计的 FIR 滤波器的群延迟为 $n/2$。

## 2.16.3 实验原理

### 1. 运用窗函数法设计 FIR 数字滤波器

与 IIR 滤波器相比，FIR 数字滤波器在保证幅度特性满足技术要求的同时，很容易做到有严格的线性相位特性。设 FIR 数字滤波器单位脉冲响应 $h(n)$ 长度为 $N$，则其系统函数 $H(z)$ 为

$$H(z) = \sum_{n=0}^{N-1} h(n)z^{-n}$$

FIR 滤波器的设计任务是选择有限长度的 $h(n)$，使传输函数 $H(e^{j\omega})$ 满足技术要求。主要设计方法有窗函数法、频率采样法和切比雪夫等波纹逼近法。本实验主要介绍用窗函数法设计 FIR 数字滤波器。

【例 2-74】 在同一图形坐标上显示矩形窗、三角形窗、汉宁窗、哈明窗、布莱克曼

窗、凯塞窗的特性曲线。

**解**：程序如下，程序运行结果如图 2-81 所示，图中的各条曲线 MATLAB 将自动用不同颜色标出，黑白印刷无法分辨，可以改为用不同线型表示。

```
N=64; beta=7.865;n=1:N;           %输入 N、凯塞窗需要的 β 值
wbo=boxcar(N);                    %矩形窗
wtr=triang(N);                    %三角形窗
whn=hanning(N);                   %汉宁窗
whm=hamming(N);                   %哈明窗
wbl=blackman(N);                  %布莱克曼窗
wka=kaiser(N,beta);               %凯塞窗
plot(n',[wbo,wtr,whn,whm,wbl,wka]); %在同一界面上作图
axis([0,N,0,1.1]);
legend('矩形','三角形','汉宁','哈明','布莱克曼','凯塞') %线型标注
```

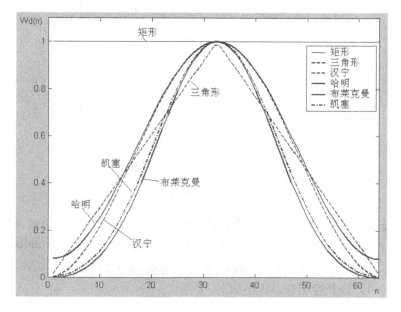

图 2-81　常用窗函数形状比较

为了便于滤波器设计，表 2-1 给出了 6 种窗函数的特性参数。

表 2-1　6 种窗函数的特性参数表

| 窗函数 | 旁瓣峰值/dB | 近似过渡带宽 | 精确过渡带宽 | 阻带最小衰减/dB |
|---|---|---|---|---|
| 矩形窗 | -13 | $4\pi/N$ | $1.8\pi/N$ | 21 |
| 三角形 | -25 | $8\pi/N$ | $6.1\pi/N$ | 25 |
| 汉宁窗 | -31 | $8\pi/N$ | $6.2\pi/N$ | 44 |
| 哈明窗 | -41 | $8\pi/N$ | $6.6\pi/N$ | 53 |
| 布莱克曼窗 | -57 | $12\pi/N$ | $11\pi/N$ | 74 |
| 凯塞窗 | -57 | — | $10\pi/N$ | 80 |

### 2. FIR 数字低通滤波器的设计

【例 2-75】 设计一个 10 阶 FIR 低通滤波器，通带为 $\omega < 0.35\pi$。

**解：** 其程序如下。

```
b=fir1(10,0.35);
freqz(b,1,512)
```

可得到如图 2-82 所示的 FIR 低通滤波器特性。由程序可知，该滤波器采用了默认的 Hamming 窗。

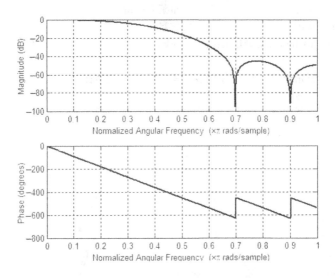

图 2-82　例 2-75 的 FIR 低通滤波器特性

【例 2-76】 用 MATLAB 提供的 fir1 子函数设计一个 FIR 数字低通滤波器，要求通带截止频率为 $\omega_p = 0.3\pi$，$R_p = 0.05\text{dB}$；阻带截止频率为 $\omega_s = 0.45\pi$，$A_s = 50\text{dB}$。描绘该滤波器的脉冲响应、窗函数及滤波器的幅频响应曲线和相频响应曲线。

**解：** 查表 2-1，选择哈明窗。程序如下。

```
%FIR 低通滤波器
wp=0.3;ws=0.45;                  %输入设计指标
deltaw=ws-wp;                    %计算过渡带的宽度
N0=ceil(6.6/deltaw);             %按哈明窗计算滤波器长度 N0
N=N0+mod(N0+1,2)                 %为实现 FIR 类型 I 偶对称滤波器,应确保 N 为奇数
windows=hamming(N);             %使用哈明窗
wc=(ws+wp)/2;                    %截止频率取归一化通阻带频率的平均值
b=fir1(N-1,wc,windows);          %用 fir1 子函数求系统函数系数
[db,mag,pha,grd,w]=freqz_m(b,1); %求解频率特性
n=0:N-1;dw=2/1000;               %dw 为频率分辨率，将 0～2π 分为 1000 份
Rp=-(min(db(1:wp/dw+1)))         %检验通带波动
As=-round(max(db(ws/dw+1:501)))  %检验最小阻带衰减
%作图
subplot(2,2,1),stem(n,b);
```

```
axis([0,N,1.1*min(b),1.1*max(b)]);title('实际脉冲响应');
xlabel('n');ylabel('h(n)');
subplot(2,2,2),stem(n,windows);
axis([0,N,0,1.1]);title('窗函数特性');
xlabel('n');ylabel('wd(n)');
subplot(2,2,3),plot(w/pi,db);
axis([0,1,-80,10]);title('幅频响应');
xlabel('频率(×\pi)');ylabel('H(e^(j\omega))');
set(gca,'XTickMode','manual','XTick',[0,wp,ws,1]);
set(gca,'YTickMode','manual','YTick',[-50,-20,-3,0]);grid
subplot(2,2,4),plot(w/pi,pha);
axis([0,1,-4,4]);
title('相频响应');
xlabel('频率(×\pi)');ylabel('\phi(\omega)');
set(gca,'XTickMode','manual','XTick',[0,wp,ws,1]);
set(gca,'YTickMode','manual','YTick',[-pi,0,pi]);grid
```

在 MATLAB 命令窗显示

```
N =    45
Rp =   0.0428
As =   50
```

由 $R_p$、$A_s$ 数据和曲线可见，设计的结果满足指标要求。程序运行结果如图 2-83 所示。

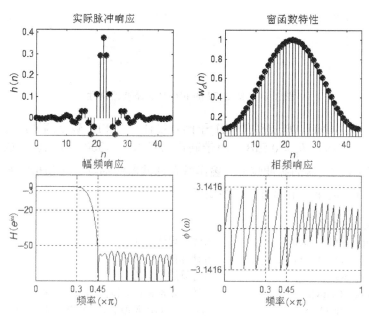

图 2-83　例 2-76 的数字低通滤波器特性

### 3. FIR 数字高通滤波器的设计

【例 2-77】　设计一个 34 阶的高通 FIR 滤波器，截止频率为 $0.48\pi$，并使用具有 30dB

波纹的 Chebyshev 窗。

    **解：** 其程序如下。

```
Window=chebwin(35,30);          %窗函数取 N+1 阶
b=fir1(34,0.48,'high',Window);
freqz(b,1,512)
```

可得到如图 2-84 所示的高通 FIR 滤波器特性。

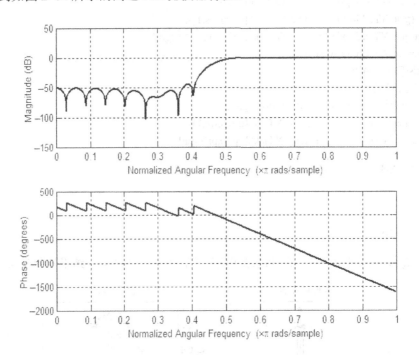

图 2-84　例 2-77 的 FIR 高通滤波器特性

【例 2-78】　用 MATLAB 提供的 **fir1** 子函数设计一个 FIR 数字高通滤波器，要求通带截止频率为 $f_p = 450\text{Hz}$，$R_p = 0.5\text{dB}$；阻带截止频率为 $f_s = 300\text{Hz}$，$A_s = 20\text{dB}$；采样频率 $F_s = 2000\text{Hz}$。描绘滤波器的脉冲响应、窗函数及滤波器的幅频响应和相频响应曲线。

    **解：** 查表 2-1，选择三角形窗。程序如下。

```
%FIR 高通滤波器
fs=300;fp=450;Fs=2000;          %输入设计指标
wp=fp/(Fs/2);ws=fs/(Fs/2);      %计算归一化角频率
deltaw=wp-ws;                   %计算过渡带的宽度
N0=ceil(6.1/deltaw);            %按三角形窗计算滤波器长度 N0
N=N0+mod(N0+1,2)                %为实现 FIR 类型 I 偶对称滤波器,应确保 N 为奇数
windows=triang(N);             %使用三角形窗
wc=(ws+wp)/2;                   %截止频率取归一化通阻带频率的平均值
b=fir1(N-1,wc,'high',windows);
[db,mag,pha,grd,w]=freqz_m(b,1); %求解频率特性
n=0:N-1;dw=2/1000;              %dw 为频率分辨率，将 0～2π 分为 1000 份
```

```
Rp=-(min(db(wp/dw+1:501)))              %检验通带波动
As=-round(max(db(1:ws/dw+1)))           %检验最小阻带衰减
%作图
subplot(2,2,1),stem(n,b);
axis([0,N,1.1*min(b),1.1*max(b)]);title('实际脉冲响应');
xlabel('n');ylabel('h(n)');
subplot(2,2,2),stem(n,windows);
axis([0,N,0,1.1]);title('窗函数特性');
xlabel('n');ylabel('wd(n)');
subplot(2,2,3),plot(w/2/pi*Fs,db);
axis([0,Fs/2,-40,2]);title('幅频响应');
xlabel('f/Hz');ylabel('H(e^(j\omega))');
set(gca,'XTickMode','manual','XTick',[0,fs,fp,Fs/2]);
set(gca,'YTickMode','manual','YTick',[-20,-3,0]);grid
subplot(2,2,4),plot(w/2/pi*Fs,pha);
axis([0,Fs/2,-4,4]);title('相频响应');
xlabel('f/Hz');ylabel('\phi(\omega)');
set(gca,'XTickMode','manual','XTick',[0,fs,fp,Fs/2]);
set(gca,'YTickMode','manual','YTick',[-pi,0,pi]);grid
```

程序运行结果如图2-85所示。从幅频响应和相频响应可见，横轴采用了实际频率。

```
N  =  41
Rp =  0.3625
As =  25
```

由$R_p$、$A_s$数据和曲线可知，用三角形窗设计的结果能够满足设计指标要求。

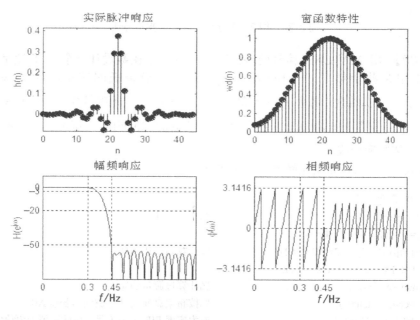

图2-85　例2-78的FIR数字高通滤波器特性

### 4. FIR 数字带通滤波器的设计

【例 2-79】 用汉宁窗设计一个 48 阶 FIR 带通滤波器，通带为 $0.35\pi<\omega<0.65\pi$。

**解：** 其程序如下,可得到如图 2-86 所示的 FIR 带通滤波器特性。

```
Window=hanning(49); %窗函数取 N+1 阶
b=fir1(48,[0.35 0.65],Window);
freqz(b,1,512)
```

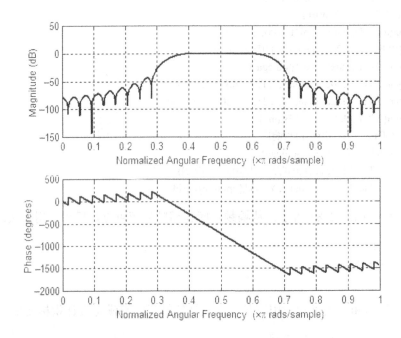

图 2-86    例 2-79 的 FIR 带通滤波器特性

【例 2-80】 用 MATLAB 信号处理箱提供的 fir1 子函数设计一个 FIR 数字带通滤波器，要求下阻带截止频率 $f_{s1}=100\text{Hz}$ ，$A_s=65\text{dB}$ ；通带低端截止频率 $f_{p1}=150\text{Hz}$ ，$R_p=0.05\text{dB}$ ；通带高端截止频率 $f_{p2}=350\text{Hz}$ ，$R_p=0.05\text{dB}$ ；上阻带截止频率 $f_{s2}=400\text{Hz}$ ，$A_s=65\text{dB}$ ；采样频率 $F_s=1000\text{Hz}$ 。描绘实际滤波器的脉冲响应、窗函数及滤波器的幅频响应曲线和相频响应曲线。

**解：** 查表 2-1，选择布莱克曼窗。程序如下。

```
%FIR 带通滤波器
fp1=150;fp2=350;                    %输入设计指标
fs1=100;fs2=400;Fs=1000;
wp1=fp1/(Fs/2);wp2=fp2/(Fs/2);      %计算归一化角频率
ws1=fs1/(Fs/2);ws2=fs2/(Fs/2);
deltaw=wp1-ws1;                     %计算过渡带的宽度
N0=ceil(11/deltaw);                 %按布莱克曼窗计算滤波器长度 N0
N=N0+mod(N0+1,2);                   %为实现 FIR 类型 I 偶对称滤波器,应确保 N 为奇数
windows=blackman(N);                %使用布莱克曼窗
```

```
wc1=(ws1+wp1)/2;wc2=(ws2+wp2)/2;          %截止频率取通阻带频率的平均值
b=fir1(N-1,[wc1,wc2],windows);            %用 fir1 子函数求系统函数系数
[db,mag,pha,grd,w]=freqz_m(b,1);          %求解频率特性
n=0:N-1;dw=2/1000;                        %dw 为频率分辨率
Rp=-(min(db(wp1/dw+1:wp2/dw+1)))          %检验通带波动
ws0=[1:ws1/dw+1,ws2/dw+1:501];            %建立阻带频率样点数组
As=-round(max(db(ws0)))                   %检验最小阻带衰减
```

作图程序部分省略。程序运行结果如下，曲线如图 2-87 所示。

```
N  =  111

Rp =  0.0033

As =  73
```

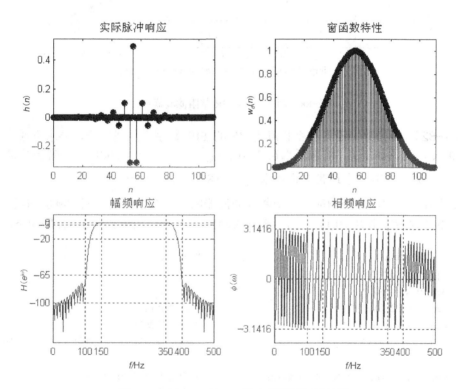

图 2-87　例 2-80 的 FIR 数字带通滤波器特性

由 $R_p$、$A_s$ 数据和曲线可见，用布莱克曼窗设计的结果完全能够满足设计指标要求。注意：该曲线使用了实际的频率单位。

### 5. FIR 数字带阻滤波器的设计

【例 2-81】　用矩形窗设计一个 30 阶 FIR 带阻滤波器，阻带为 $0.3\pi < \omega < 0.7\pi$。

解：其程序如下，可得到如图 2-88 所示的 FIR 带阻滤波器特性。

```
Window=boxcar(31);  %窗函数取 N+1 阶
b=fir1(30,[0.3 0.7],'stop',Window);
freqz(b,1,512)
```

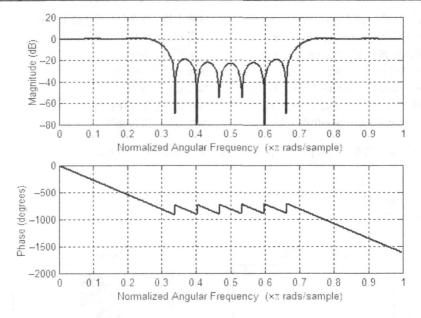

图 2-88 例 2-81 的 FIR 带阻滤波器特性

【例 2-82】 用凯塞窗设计一个长度为 75 的 FIR 数字带阻滤波器，要求下通带截止频率 $\omega_{p1} = 0.2\pi$，$R_p = 0.1\text{dB}$；阻带低端截止频率 $\omega_{s1} = 0.3\pi$，$A_s = 60\text{dB}$；阻带高端截止频率 $\omega_{s2} = 0.7\pi$，$A_s = 60\text{dB}$；上通带截止频率 $\omega_{p2} = 0.8\pi$，$R_p = 0.1\text{dB}$。

描绘实际滤波器的脉冲响应、窗函数及滤波器的幅频响应曲线和相频响应曲线。

**解**：凯塞窗参数由 $\beta = 0.112 \times (A_s - 8.7)$ 来确定。用 fir1 子函数来编写程序如下。

```
N=75;As=60;                              %输入设计指标
wp1=0.2;wp2=0.8;
ws1=0.3;ws2=0.7;
beta=0.1102*(As-8.7)                     %计算 β 值
windows=kaiser(N,beta);                  %使用凯塞窗
wc1=(ws1+wp1)/2;                         %截止频率取归一化通阻带频率的平均值
wc2=(ws2+wp2)/2;
b=fir1(N-1,[wc1,wc2],'stop',windows);    %用 fir1 求系统函数系数
[db,mag,pha,grd,w]=freqz_m(b,1);         %求解频率特性
n=0:N-1;dw=2/1000;                       %dw 为频率分辨率
wp0=[1:wp1/dw+1,wp2/dw+1:501];           %建立通带频率样点数组
Rp=-(min(db(wp0)))                       %检验通带波动
As0=-round(max(db(ws1/dw+1:ws2/dw+1)))   %检验最小阻带衰减
%作图
subplot(2,2,1),stem(n,b);
axis([0,N,1.1*min(b),1.1*max(b)]);title('实际脉冲响应');
xlabel('n');ylabel('h(n)');
subplot(2,2,2),stem(n,windows);
axis([0,N,0,1.1]);title('窗函数特性');
xlabel('n');ylabel('wd(n)');
```

```
subplot(2,2,3),plot(w/pi,db);
axis([0,1,-150,10]);title('幅度频率响应');
xlabel('频率(×\pi)');ylabel('H(e^(j\omega))');
set(gca,'XTickMode','manual','XTick',[0,wp1,ws1,ws2,wp2,1]);
set(gca,'YTickMode','manual','YTick',[-100,-60,-20,-3,0]);grid
subplot(2,2,4),plot(w/pi,pha);
axis([0,1,-4,4]);title('相频响应');
xlabel('频率(×\pi)');ylabel('\phi(\omega)');
set(gca,'XTickMode','manual','XTick',[0,wp1,ws1,ws2,wp2,1]);
set(gca,'YTickMode','manual','YTick',[-pi,0,pi]);grid
```

程序运行结果如下，曲线如图 2-89 所示。

```
beta =    5.6533
Rp =      0.0159
As0 =     60
```

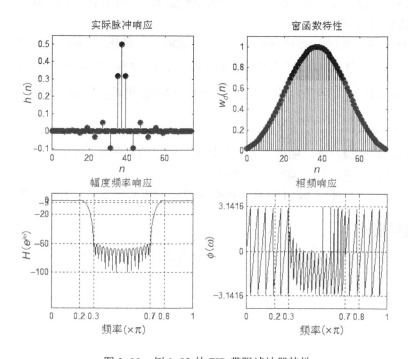

图 2-89　例 2-82 的 FIR 带阻滤波器特性

由 $R_p$、$A_s$ 数据和曲线可知，用凯塞窗设计的结果能够满足设计指标要求。如果不满足设计指标要求，可适当增加凯塞窗的长度。

### 2.16.4　实验任务

（1）阅读并输入实验原理中介绍的例题程序，观察输出的数据和图形，结合基本原理理解每一条程序的含义。

（2）试用矩形窗设计一个 16 阶的 FIR 低通滤波器，通带为 $\omega < 0.4\pi$，观察其滤波器的

幅频特性和相频特性。

（3）选择合适的窗函数设计 FIR 数字低通滤波器，要求通带 $\omega_p = 0.2\pi$，$R_p = 0.05\text{dB}$；阻带 $\omega_s = 0.3\pi$，$A_s = 40\text{dB}$。描绘实际滤波器的脉冲响应、窗函数及滤波器的幅频响应曲线和相频响应曲线。

（4）用凯塞窗设计 FIR 数字高通滤波器，要求阻带 $\omega_s = 0.2\pi$，$A_s = 50\text{dB}$；通带 $\omega_p = 0.3\pi$，$R_p = 0.1\text{dB}$。描绘实际滤波器的脉冲响应、窗函数及滤波器的幅频响应曲线和相频响应曲线。

（5）试设计一个 $n = 38$ 的 FIR 带通滤波器，通带为 $0.4\pi < \omega < 0.6\pi$，要求使用具有 50dB 波纹的切比雪夫窗，观察其滤波器的幅频特性和相频特性。

（6）选择合适的窗函数设计 FIR 数字带通滤波器，要求 $f_{p1} = 3.5\text{kHz}$，$f_{p2} = 6.5\text{kHz}$，$R_p = 0.05\text{dB}$；$f_{s1} = 2.5\text{kHz}$，$f_{s2} = 7.5\text{kHz}$，$A_s = 60\text{dB}$，滤波器采样频率 $F_s = 20\text{kHz}$。描绘实际滤波器的脉冲响应、窗函数及滤波器的幅频响应曲线和相频响应曲线。

（7）试用三角窗设计一个 32 阶的 FIR 带阻滤波器，阻带为 $0.25\pi < \omega < 0.75\pi$，观察其滤波器的幅频特性和相频特性。

（8）选择合适的窗函数设计 FIR 数字带阻滤波器，要求 $f_{p1} = 1\text{kHz}$，$f_{p2} = 4.5\text{kHz}$，$R_p = 0.1\text{dB}$；$f_{s1} = 2\text{kHz}$，$f_{s2} = 3.5\text{kHz}$，$A_s = 40\text{dB}$，滤波器采样频率 $F_s = 10\text{kHz}$。描绘实际滤波器的脉冲响应、窗函数及滤波器的幅频响应曲线和相频响应曲线。

## 2.16.5　实验预习

（1）认真阅读实验原理，明确本次实验任务，读懂例题程序，了解实验方法。

（2）根据实验任务，预先编写实验程序。

（3）预习思考题：使用 MATLAB 窗函数法设计 FIR 数字滤波器有哪些基本步骤？

## 2.16.6　实验报告

（1）列写调试通过的实验程序，打印或描绘实验程序产生的曲线图形。

（2）思考题：回答实验预习思考题。

# 附录

# 附录 A　信号与系统常用测量仪器的使用

## A.1　信号发生器

### A.1.1　信号发生器的一般知识

信号发生器按其输出波形可分为正弦信号发生器、脉冲信号发生器、函数信号发生器、噪声信号发生器等，常用的是前 3 种信号发生器；按输出信号频率范围分类，则可以分为低频信号发生器、高频信号发生器、超高频信号发生器等。

信号发生器一般应满足如下要求：具有较宽的频率范围，且频率可连续调节；具有较高的频率准确度和稳定度；在整个频率范围内具有良好的输出波形，即波形失真要小；输出电压可连续调节，且基本不随频率的改变而变化。

### A.1.2　EE1641D 型函数信号发生器／计数器

函数信号发生器／计数器是一种精密的测试仪器。作为信号发生器，它可输出多种信号，如连续信号、扫频信号、函数信号、脉冲信号、单脉冲等，并且具有外部测频功能。它可以输出正弦波、矩形波或三角波等基本波形，还可以输出锯齿波、脉冲波等多种非对称波形。各种波形均具有扫描功能，同时具有功率输出功能，以满足带载需要。输出电压的大小和频率都可以调节，所以它是一种用途广泛的通用仪器。

#### 1．主要技术特性

（1）函数信号发生器

输出频率：

0.2Hz～2MHz 按十进制分类共分 7 档，每档均以频率微调电位器实行频率调节。

输出阻抗：

| | |
|---|---|
| 函数输出 | 50 Ω |
| TTL 同步输出 | 600 Ω |

输出信号波形：

| | |
|---|---|
| 函数输出 | 正弦波、三角波、方波（对称或非对称输出） |
| TTL 同步输出 | 方波 |

输出信号幅度：

| | |
|---|---|
| 函数输出 | 不衰减：1～10$V_{p-p}$，10%连续可调 |
| | 衰减 20dB：0.1～1$V_{p-p}$，10%连续可调 |
| | 衰减 40dB：10～100$V_{p-p}$，10%连续可调 |
| TTL 同步输出 | "0" 电平：≤0.8V |
| | "1" 电平：≥1.8V（负载电阻≥600 Ω） |

函数输出信号衰减：

0dB/20dB 或 40dB（0dB 衰减即为不衰减）

函数输出信号直流电平（Offset）调节范围：

（-10~10V）(1±10%)或关,负载电阻≥1MΩ

"关 (OFF)" 输出信号所携带的直流电平为 0V±0.1V

函数输出非对称性（SYM）调节范围：

20%~80%或关

"关(OFF)" 位置时输出波形为对称波形，误差≤2%

输出信号类型：

单频信号、扫频信号、调频信号（受外控）

扫描方式：

| 内扫描方式 | 线性/对数扫描方式 |
| 外扫描方式 | 由 VCF 输入信号决定 |

内扫描特性：

| 扫描时间 | （10ms~5s）（1±10%） |
| 扫描宽度 | ≥1 频程 |

外扫描特性：

| 输入阻抗 | 约 100kΩ |
| 输入信号幅度 | 0~2V |
| 输入信号周期 | 10ms~5s |

输入信号特征：

| 正弦波失真度 | <1% |
| 三角波线性度 | >90%（输出幅度的 10%~90%区域） |
| 脉冲波上（下）升沿时间 | ≤100ns（输出幅度的 10%~90%） |
| 脉冲波上升沿、下降沿过冲 | ≤5%V（50Ω负载） |

输出信号频率稳定性：　　　　±0.1%/min

单脉冲输出指标：

| 高电平 | 3.5~5V |
| 低电平 | ≤0.8V |

功率输出：

| 输出频率 | ≥4W（4Ω） |
| 负载电阻 | ≥4Ω |
| 输出波形 | 正弦波 |
| 输出频率范围 | 15Hz~40kHz |
| 波形失真度 | ≤1% |
| 输出衰减 | 20dB 或 40dB |

具有短路保护功能

（2）频率计数器

频率测量范围：　　　　　　0.2Hz~20 000kHz

　　输出电压范围（衰减度为0dB）：　　50mV～2V（10Hz～20000kHz）

　　　　　　　　　　　　　　　　　　100mV～2V（0.2～10Hz）

　　输入阻抗：　　　　　　　　　　　500kΩ/30pF

　　波形适应性：　　　　　　　　　　正弦波、方波

　　滤波器截止频率：　　　　　　　　大约100kHz（带内衰减，满足最小输入电压要求）

　　测量时间 ：　　　　　　　　　　0.1s（$f_i$>10Hz）

　　　　　　　　　　　　　　　　　　单个被测信号周期（$f_i$≤10Hz）

　　显示方式：

　　　　显示范围　　　　　　　0.2Hz～20 000kHz

　　　　显示有效位数　　　　　5 位 10Hz～20 000kHz

　　　　　　　　　　　　　　　4 位 1Hz～10kHz

　　　　　　　　　　　　　　　3 位 0.2Hz～1kHz

　　测量误差：

　　时基误差±触发误差（触发误差：单周期测量时被测信号的信噪比优于 40dB，则触发误差≤0.3%）

　　时基：

　　　　标称频率　　　　　　　　10MHz

　　　　频率稳定度　　　　　　　±5×10$^{-5}$/d

## 2. 函数信号发生器／计数器的组成及工作原理

　　函数发生器常用电路的组成框图如图 A-1 所示。该类信号发生器采用了 VCF 技术，即电后控制频率的技术。图 A-1 中，VCF 是一个用于控制频率变化的外部电压输入端口。它主要由正、负电流源，电流开关，时基电容，方波形成电路，正弦波形成电路，放大电路等部分组成。正电流源、负电流源由电流开关控制，对时基电容 C 进行恒流充电和恒流放电。当电容恒流充电时，电容上电压随时间线性增长（$u_C = Q/C = \int_0^t i\mathrm{d}t/C = It/C$）；当电容恒流放电时，电容上电压随时间线性下降，因此，在电容两端得到三角波电压。三角波经方波形成电路得到方波，三角波经正弦波形成电路转变为正弦波，最后经放大电路放大后输出。

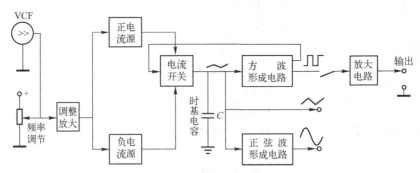

图 A-1　函数发生器常用电路组成框图

　　随着大规模集成电路的发展，EE1641D 型函数信号发生器／计数器采用了大规模单片集成精密函数发生器电路，整机电路框图如图 A-2 所示。

整机电路由两片单片机进行管理，主要功能包括控制函数发生器产生的频率；控制输出信号的波形；测量输出的频率或测量外部输入的频率并显示；测量输出信号的幅度并显示。

函数信号由专用的集成电路产生，该电路集成度大，电路简单精度高并易于与计算机相连接。

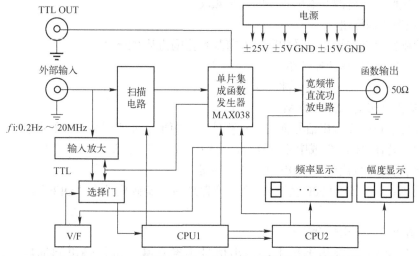

图 A-2　EE1641D 型函数信号发生器／计数器整机电路框图

扫描电路由多片运算放大器组成，以满足扫描宽度和扫描速率的需要。宽带直流功放电路的选用，保证使用面板电位器可以控制输出信号的带负载能力以及输出信号的直流电平偏移。

整机电源采用线性电路以保证输出波形的失真最小，具有过电压、过电流、过热保护。

### 3. EE1641D 型函数信号发生器／计数器面板操作键及功能说明

EE1641D 型函数信号发生器／计数器面板如图 A-3 所示。

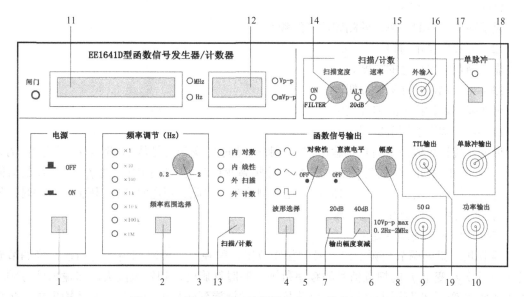

图 A-3　EE1641D 型函数信号发生器／计数器面板图

1——整机电源开关

开关按下时，机内电源接通，整机工作。开关弹起时，关掉整机电源。

2——频率范围选择按钮

每按一次此按钮可改变输出频率的一个频段。

3——频率微调旋钮

调节此旋钮可微调输出信号频率，调节基数范围为从 0.2～2。

4——函数输出波形选择按钮

可选择正弦波、三角波、脉冲波输出。

5——输出波形对称性（SYM）调节旋钮

调节此旋钮可改变输出信号横向的对称性，对矩形脉冲即调节信号的占空比。当电位器逆时针旋到底处在"OFF"或中心位置时，将输出对称信号波形。

6——输出信号直流电平（Offset）调节旋钮

调节范围：−5～5V（50Ω负载），当电位器逆时针旋到底处在"OFF"或中心位置时，则为 0V。

7——函数信号输出幅度衰减开关

"20dB""40dB"键均不按下，输出信号不经衰减，直接输出到插座口。"20dB""40dB"键分别按下，则可选择 20dB 或 40dB 衰减。

8——函数信号输出幅度调节旋钮

配合观察幅度显示窗口进行输出电压调节，调节范围在 20dB 之内。

9——函数信号输出端

输出多种波形受控的函数信号，输出幅度最大为 $10V_{p-p}$(空载时)或 $5V_{p-p}$（有 50Ω负载时）。

10——功率输出端

提供大于 4W 的音频信号功率输出。此功能仅对×100，×1k，×10k 频段有效。

11——频率显示窗口

显示输出信号的频率或外测频信号的频率。

12——幅度显示窗口

显示函数输出信号的幅度。

13——"扫描／计数"按钮

可选择多种扫描方式和外测频方式。

14——扫描宽度调节旋钮

调节此旋钮可以改变内扫描输出信号变频的时间，即变频信号从 $f_1$ 变至 $f_2$ 变至 $f_3$、$f_4$、$f_5$、…$f_n$ 所需的时间。顺时针旋转，变频信号频率变化较慢，即扫频一次 $f_1$ 变至 $f_n$ 的时间长，反之，扫频一次 $f_1$ 至 $f_n$ 的时间短。在外测频时，将此旋钮逆时针旋到底(绿灯亮)时，外输入测量信号经过低通开关进入测量系统。

15——扫频范围调节旋钮

调节此旋钮可调节扫频输出信号的扫频范围，即在某一段时间内（由扫描宽度调节旋钮 3 决定）$f_1$ 变至 $f_n$ 的扫频信号的频率范围。顺时针旋转，扫频范围大，即输出信号频率从低到高 $f_1$ 变至 $f_n$ 范围大，反之，将此旋转逆时针旋到底处于锁定位，函数输出单一频率信号。在外测频时，将此旋转逆时针旋到底(绿灯亮)时，外输入测量信号衰减"20dB"进入测量系统。

16——外部输入插座

当"扫描／计数"按钮功能选择在外扫描状态或外测频功能时，外扫描控制信号或外测频信号由此输入。

17——单脉冲按键

控制单脉冲输出，每按动一次此按键，单脉冲输出端输出电平翻转一次。

18——单脉冲输出端

单脉冲输出由此端口输出。

19——TTL 信号输出端

输出标准的 TTL 幅度的脉冲信号，输出阻抗为 600Ω。

## 4．使用

（1）初步检查

1）检查电源电压是否满足仪器的要求 220（1±10%)V。

2）自校检查。在使用本仪器进行测试以前，可对其进行自校检查，以确定仪器工作正常。此步骤或可省略。若仪器工作中出现异常，再进行自校检查。自校检查步骤后文有所介绍。

（2）函数信号输出正弦波、三角波(锯齿波)和脉冲波(方波)

1）输出连线。以测试电缆（或终端）连接 50Ω匹配器，由函数信号输出端输出函数信号。

2）调整输出信号频率。由频率范围选择按钮选定输出函数信号的频段，由频率微调旋钮调整输出信号的频率，直到所需的工作频率值。

3）选定波形。由函数输出波形选择按钮选定输出函数的波形是正弦波、三角波还是脉冲波。

4）调整输出信号电压。由函数信号幅度调节旋钮选定和调节输出信号的幅度，信号的大小可由示波器读测，或由幅度显示窗口指示。幅度显示窗口显示的是函数输出空载时的输出信号的振幅值，最大输出电压 $U_{p-p}$=20V，若接有 50Ω负载，最大输出电压 $U_{p-p}$=10V。若需输出信号电压较小时，可按下函数信号幅度衰减开关。

5）调整输出信号电压直流分量。若需输出信号中迭加直流分量，则可以由输出信号直流电平调节旋钮调节输出信号所携带的直流电平分量。通常将其左旋到底，置于"OFF"位，即输出信号中直流电平分量为零。

6）调节输出波形对称性（占空比）。调节输出波形对称调节旋钮即可。

● 改变输出脉冲信号占空比，将脉冲波调整为方波。

● 将三角波调整为锯齿波。

● 将正弦波调整为正与负半周分别为不同角频率的正弦波形，且可移相 180°。

通常用于交流信号正弦波输出时，将其左旋到底，置于"OFF"位。

（3）音频信号功率输出

1）测试电缆由功率输出端输出正弦信号波形。输出功率≥4W。

2）扫描宽度调节旋钮、扫频范围调节旋钮必须左旋到底置于"关"位，输出对称正弦波，直流分量等于零。

3）音频信号功率输出正弦波形，频率范围 15Hz～40kHz，仅对×100，×1k，×10k 频段有效。

（4）TTL 脉冲信号输出

1）测试电缆(终端不加 50Ω匹配器)由 TTL 信号输出端输出 TTL 脉冲信号。

2）除信号电平为标准 TTL 电平外（"0"电平≤0.8V，"1"电平≥1.8V，负载电阻≥600Ω），其重复频率、调控操作均与函数输出信号一致。

（5）单脉冲输出

1）测试电缆(终端不加 50Ω匹配器)由单脉冲输出端输出单脉冲信号。

2）每按动一次单脉冲按键，单脉冲输出端输出电平翻转一次。绿灯亮，为高电平 3.5～5V；绿灯灭，为低电平，低电平≤0.8V。

（6）内扫描／扫频信号输出

1）"扫描/计数"按钮选定为内扫描方式。

2）分别调节扫描宽度调节旋钮和扫频范围调节旋钮获得所需的扫描信号输出。

3）函数信号输出端、TTL 信号输出端均输出相应的内扫描的扫频信号。

（7）外扫描／扫频信号输出

1）"扫描／计数"按钮选定为"外扫描方式"。

2）由外部输入插座输入相应的控制信号，即可得到相应的受控扫描信号。

（8）频率计数器

1）"扫描/计数"按钮选定为"外计数方式"。

2）用本机提供的测试电缆，将函数信号引入外部输入插座，观察显示频率与"内"测量时是否相同。输入测量的信号波形限定为正弦波和方波，输入测量的信号频率 0.2Hz～2MHz。

3）若输入测量的信号电压较大时，可将扫频范围调节旋钮逆时针旋到底(绿灯亮)，输入测量的信号经过衰减"20dB"进入测量系统。

附：自校程序(见图 A–4)。

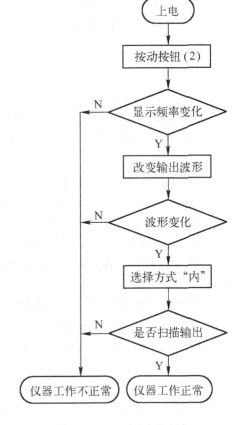

图 A-4　EE1641 自校程序

## A.2　交流毫伏表

交流毫伏表（又称交流电压表）一般是指模拟式电压表。它是一种在电子电路中常用的测量仪表，主要用于测量正弦电压的有效值。它采用磁电式表头作为指示器，属于指针式仪表。

交流毫伏表与普通万用表相比较，具有以下优点：

1）输入阻抗高。一般输入电阻至少为 500kΩ，仪表接入被测电路后，对电路的影响小。

2）频率范围宽。适用频率范围约为几赫兹到几兆赫兹。

3）灵敏度高。最低电压可测到微伏级。

4）电压测量范围广。仪表的量程分档可以从几百伏一直到毫伏。

按其适用的频率范围大致可分为高频毫伏表和低频毫伏表两类。

## A.2.1　交流毫伏表的组成及工作原理

通常交流毫伏表先将微小信号进行放大，然后再进行测量，同时采用输入阻抗高的电路作为输入级，以尽量减少测量仪器对被测电路的影响。

交流毫伏表根据电路组成结构的不同，可分为放大-检波式、检波-放大式和外差式。

常用的交流电压表属于放大-检波式电子电压表。如图 A-5 所示为放大-检波式电子电压表的框图。主要有衰耗器、交流电压放大器、检波器和整流电源 4 部分组成。

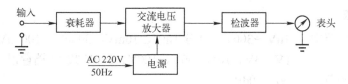

图 A-5　放大-检波式电子电压表框图

被测电压先经衰耗器衰减到适宜交流放大器输入的数值，再经交流电压放大器放大，最后经检波器检波，变为直流流过磁电式电表，由表头指示被测电压的大小。

电子电压表表头指针的偏转角度正比于被测电压的平均值，而面板却是按正弦交流电压有效值进行刻度的，因此，电子电压表只能用以测量正弦交流电压的有效值。当测量非正弦交流电压时，电子电压表的读数没有直接的意义，只有把该读数除以 1.11（正弦交流电压的波形系数），才能得到被测电压的平均值。

## A.2.2　DF2175 型交流电压表

DF2175 型交流电压表是通用型电压表，可测量 30μV～300V、5Hz～2MHz 交流电压的有效值。

### 1．工作原理

交流电压表由输入保护电路、前置放大器、衰减控制器、表头指示放大器、监视输出放大器及电源组成。当输入电压过大时，输入保护电路工作，有效地保护了场效应晶体管；衰减控制器用来控制各档衰减的开通，使仪器在各量程档上能高精度地工作；监视输出放大器可使本仪器作放大器使用；直流电压由集成稳压器产生。

### 2．使用与注意事项

图 A-6 为 DF2175 型交流电压

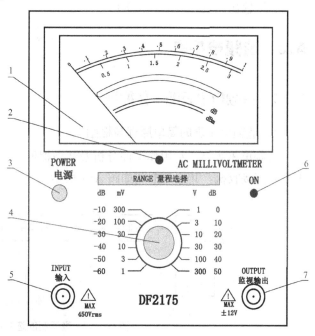

图 A-6　DF2175 型交流电压表面板图

表面板图。

（1）通电前，先调整电表指针的机械零位 2，使表头 1 电表指针指示零位。

（2）接通电源，按下电源开关 3，电源指示灯 6 亮，仪器立即工作。但为了保证性能稳定，可预热十分钟后使用，开机后 10s 内指针无规摆动数次是正常的。

（3）测量。先将量程开关 4 置于适当量程，再由测量输入端 5 加入测量信号。若测量信号未知，应将量程开关置最大档，然后逐级减小量程。量程开关指向 1、10、100 档位时看第一行刻度，指向 3、30、300 档位时看第二行刻度。

（4）若要测量高电压时，输入端黑柄夹必须接在"地"端。

（5）监视输出。当输入电压在任何一量程档指示为满度时，监视输出端 7 的输出电压为 0.1Vrms。可依此将本仪器作为放大器使用。

### 3．技术参数

（1）测量电压范围　　$1\mu V \sim 300V$。共分 1mV、10mV、30 mV、100 mV、300mV
　　　　　　　　　　　1V、3V、10V、30V、100V、300V 共 12 档量程

（2）测量电平范围　　$-60 \sim 50dB$

（2）电压测量工作误差　≤5% 满刻度（400Hz）

（3）频率响应　　　　$20Hz \sim 200kHz$　　　$\pm 3\%$
　　　　　　　　　　　$10Hz \sim 500kHz$　　　$\pm 5\%$
　　　　　　　　　　　$5Hz \sim 2MHz$　　　　$\pm 10\%$

（4）仪器的输入阻抗　$1M\Omega$，45pF

（5）最大输入电压　　≤AC 450V

（6）开路输出电压　　0.1Vrms（满刻度时）≤5%

（7）输出阻抗　　　　$600\Omega$

# A.3　选频电平表

## A.3.1　选频电平表的工作原理

### 1．选频电平表的简单原理与框图

选频电平表是一种用作谐波分析及滤波器网络频响特性等测量的仪表，其工作原理相当于超外差接收机，其原理框图如图 A-7 所示。

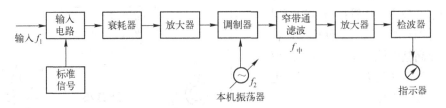

图 A-7　一级调制的选频电平表框图

输入被测信号 $f_1$ 经输入电路、衰耗器和放大器，在调制器中与本机振荡器产生的本振频率 $f_2$ 进行调制。被测信号中包含各种频率成分，当调节本振频率 $f_2$，使两者之差 $f_2 - f_1 = f_中$ 落在窄带通滤波器的通带范围内时，滤波器就有输出，经放大器和检波器可以从指示器中读出其大小。而当两者之差在窄带通滤波器的通带以外时，便无输出，在指示器中指示为零。因此，当指示器有指示时，就可根据本振频率和中频求得被测信号的频率——这个频率已直接由选频电平表的频率度盘指示出来。逐渐改变本振频率（调节选频表的频率旋钮）可以将被测信号中各种成分的频率和幅度全部测出来。

图 A-7 给出的是一级调制的选频电平表，此种表有较大的"镜像干扰"。如上所述，$f_2 - f_1 = f_中$，被测信号中比本振频率低一个中频的某个频率分量经过调制器后能通过窄带通滤波器，最后在指示器中被指示出来，这是所希望的。而与此同时，被测信号中比本振频率高一个中频的另一个频率分量（称"镜像频率"）经过调制器后亦为中频，亦能通过滤波器且最后被指示器指示，这是一种由镜像频率引起的干扰，称为"镜像干扰"。为了减小镜像干扰，并提高选频增益，常采取二级、三级或四级调制方式。

**2. 选频电平表的使用与调整**

实验时，选频表在电路中相当于一个交流电压表。为适应不同的情况，它与交流电压表一样也有不同的量程，这是选频表与交流电压表的共同点。但选频表与一般交流电压表相比，又有以下不同点：

（1）在功能上，选频表既可用作"宽频"测量，也可以对周期非正弦波中某个频率分量进行"选频"测量；而一般交流电压表却不具备第二种功能，即没有选频测量的功能。

（2）在使用上，选频表在测量前，均需要进行"校准"（宽频校准或选频校准）。并且在进行选频测量时，为要选择待测的某频率分量，须有选频过程。即要通过调节频率旋钮对待测频率进行调谐，然后再进行电平读数。而宽频测量则不需要选择频率，直接读数。

（3）在读数上，一般交流电压表的读数是用电压有效值（伏特）来表示的，而选频表的读数是用电压电平（分贝）表示的。被测电平为电平调节和电表指示的代数和。

（4）在输入阻抗上，为适应不同情况，选频表设有几档不同的输入阻抗，使用时按照阻抗匹配的原则选择不同档位。

## A.3.2　HX—D21 型选频电平电压表

HX—D21 型选频电平电压表是一种高灵敏度、高精密的电平测量仪表。适用于方波、矩形波、三角波、锯齿波等周期信号的频谱分析，便于加深对信号时域与频域间关系的理解。

该仪表具有宽频测量和选频测量两种工作方式，能自动转换电平量程；自动跟踪校准，每隔 30 分钟仪表自动校准零电平，并发出"嘟"的提示音；有 4 种频率调谐步进速度；4 种电平量程下限预置；对常用频率还可记忆存储。

仪器显示屏设置有两种电压单位刻度，既有电压刻度"V"、"mV"、"μV"，又有电平刻度"dB"。根据习惯或需要可选择电压刻度或电平刻度，同一被测信号在显示屏上可直接读出电压值和相对应的电平值，无须再进行电压和分贝单位之间的换算。

该仪表采用了新一代微处理器 PIC，根据编制的软件包对整机实施控制；频率、电平、阻抗、功能均为 LCD 菜单汉字显示，使用直观方便；同时应用了国际近年来先进电子技术 DDS，直接数字频率合成，使频率稳定度达到了晶振的水平，并使仪表体积大大缩小，重量减轻。

### 1. 主要技术指标

（1）输入频率测量范围

表 A-1　输入频率测量范围

| 输入方式 | 宽频测量 | 选频测量 |
| --- | --- | --- |
| 同　轴 | 200Hz～620kHz | 2～620kHz（低端可工作在 200Hz） |

频率显示分辨率：1Hz。

频率准确度：$\pm 1 \times 10^{-5} \pm 40Hz$。

（2）电平测量范围

表 A-2　电平测量范围

| 输入方式 | 宽频测量 | 选频测量 |
| --- | --- | --- |
| 同　轴 | −50～20dB | −80～20dB |

（3）电平测量误差

零电平固有误差：在基准条件下，以同轴 75Ω、100kHz 为准,经校准：±0.2dB。

电平换档误差：在基准条件下，同轴 75Ω、100kHz、0dB 档为准，选频测量

−60～10dB　　±　0.2dB

−80～20dB　　±　0.3dB

频率响应：在基准条件下，同轴 75Ω、100kHz、0dB 档为准：±0.2dB。

机内固有杂音：比可测电平低 20dB。

输入阻抗：同轴 75Ω、高阻抗。

4 种频率步进速度：1Hz、10Hz、100Hz、1kHz。

选测电平量程下限 4 种预置：−80dB、−40dB、−20dB、0dB。

供电电源：

　　交流　220（1±10%）V；50Hz+2.5Hz

　　功耗　约 9W

### 2. 面板介绍

面板图如图 A-8 所示。

1——电源开关。键接下电源接通，LCD 显示屏点亮。

2——同轴输入插座。

3——频率微调轮(惯性轮)。对频率进行连续调整。

4——LCD 显示屏。

5——频率步进速度选择键。

6——数字键。

7——"设置"键。当需要设置一固定频率时，先按此键，使频率合成器处于激活状态。宽频测量时该键不起作用。

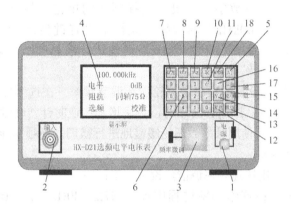

图 A-8　HX-D21 选频电平电压表面板图

8——"kHz"键。为频率单位"kHz"的确认键。

9——"Hz"键。为频率单位"Hz"的确认键。

10——"取"键。可取出存储的 10 个常用频率中的任一个。

11——"存"键。按此键可存储 10 个常用频率。

12——复位键。当出现未知原因的死机时，按此键恢复正常。

13——"阻抗"键。连续按此键可选择所需的输入阻抗。

14——"工作方式"键。连续按键可选择宽频测量和选频测量两种测量方式中的一种。

15——"校／测"键。按此键可选择各种测量方式的校准或测量状态。

16——空键。

17——电平量程下限预置键。

18——"V"和"dB"刻度选择键。

## 3．使用方法

按下电源开关，液晶屏点亮，电源接通。预热 20 分钟后使用。

（1）电平校准

开机后，仪器自动进行"宽频测量校准"和"选频测量校准"，当听到"嘟、嘟、嘟"三声，即校准完毕。仪器停留在如图 A-8 显示屏所示状态。按"校／测"键，转换至测量状态，再按"工作方式"键选择所需要的工作方式。开机后的首次校准值仅供参考，必须预热 30min 后的校准才算有效。

在工作过程中，每隔约 30min 仪器会自动校准一次。校准时发出"嘟"的一声，同时液晶屏第 4 行显示"校准"状态，再"嘟"的一声校准完毕，自动恢复到校准前测量状态，整个过程约 3s。

在测量过程中也可随时手动对液晶屏显示的当前状态进行校准，只须按下"校／测"键，液晶屏最下行的"测量"变成"校准"约 5s 后校准完毕。再按一下"校/测"键，转换至原测量状态。

（2）频率的调节

对于一个已知频率的调节方法如下：

1）步骤 1：用键盘设置频率。在选频测量时，先按"设置"键，此时，液晶屏第一行出现"—"符号，再按数字键；最后选择频率的单位，按下"kHz"键或"Hz"键。例如，要设置"100.200kHz"的频率，先按下设置键后，再依次按下数字键"1"、"0"、"0"、"."、"2"；最后按下单位"kHz"键确认，液晶屏上将显示"100.200kHz"的频率。

2）步骤 2：用面板上设置的频率微调轮连续调节频率。在选频各种测量方式时，可直接转动频率微调轮调节频率。顺时针转动时，频率增加；逆时针转动时，频率降低。当按照步骤 1 调节频率之后，还需使用频率微调轮缓慢地进行微调，使频率准确地调谐，此时显示屏第二行显示的电平值最大。

若是一未知频率可使用快速频率调谐，设置如下：

1）设置频率步进。在搜索频率过程中设有 1Hz、10Hz、100Hz、1kHz 4 种步进方式，并在显示屏左上用不同数目的三角形标示出不同的步进：无三角为 1Hz 步进，有一个"▲"为 10Hz，两个"▲"为 100Hz，三个"▲"为 1kHz，按频率步进选择键可循环选择。

当测量一个未知的被测频率时，按"工作方式"键，使仪表处于"选频测量"状态(见显示屏最下行)；再按频率步进选择键选择调谐时的频率步进，如为 1kHz，慢慢转动频率调谐旋钮，在整个频段内搜索，注意显示屏第二行的电平变化。当电平出现一最大值时停止转动旋钮；再依次将频率步进设置为 100Hz、10Hz、1Hz，仔细左右微调调谐轮直至电平显示最大值，此时显示即为被测信号的频率值和电平值。

频率的记忆存储和提取操作如下：

1）液晶屏当前显示频率（如"100kHz"的存储）若存入的地址为数字键"5"，先按"存"键，液晶屏频率行显示出一个"—"号，再按数字键"5"即存入，此时液晶屏仍显示100kHz。

2）若存入的频率不是液晶屏当前显示的频率，如将"246.800kHz"的频率存入以"0"数字键为地址，则先按"设置"键，液晶屏频率行显示 "—"号，再依次按"2""4""6""．""8"数字键；再按"kHz"键确认，再按"存"键，最后按数字键"0"液晶屏显示频率"246．8kHz"存储完毕。

提取时，先按"取"键，再按原存入的相关数字键。如取出上述 246.8kHz 的频率，先按"取"键，液晶屏频率行显示"—"号，再按原存入地址数字键"0"，液晶屏即显示出频率 246.800kHz。

（3）阻抗的选择

按动"阻抗"键时，液晶屏阻抗一行循环出现同轴 75 Ω、∞Ω，根据测试的需要进行选择。例如，选择同轴 75 Ω输入阻抗，按"阻抗"键，使液晶屏第三行显示"阻抗同轴

75 Ω" 即可。

（4）工作方式的选择

连续按"工作方式"键液晶屏最下行可循环显示"宽频测量"、"选频测量"两种工作方式，根据测试需要可任选一种。按"校／测"键，可根据液晶屏最下行右边的显示来选择"校准"或"测量"状态。

1）宽频校准与测量。宽频校准：按"工作方式"键和"校／测"键，使液晶屏最下行显示"宽频校准"状态，约 5s 即校准完毕。

宽频测量：按"校／测"键，此时液晶屏最下行显示"宽频测量"状态。

根据测量要求按"阻抗"键，选择所需要的输入阻抗。将输入信号从同轴插口接入。此时，显示屏第二行显示的电平值即为电平测量的结果。

2）选频校准与测量。预热 20 分钟后才可以进行校准。选频测量时，按"工作方式"键，根据液晶屏的显示，选择"选频测量"方式。再按"校／测"键使显示屏最下行右边显示"校准"，约 5s 校准完毕，再按"校／测"键转换至测量状态。

输入阻抗和信号输入方式的选择：按"阻抗"键，至液晶屏第 3 行显示"阻抗同轴 ∞Ω"（或"阻抗同轴 75 Ω"）。

将被测信号从同轴插孔输入，按"设置"键，再依次按数字键，按"Hz"或"kHz"键确认，使液晶屏第一行显示出被测信号的频率值；仔细微调频率微调轮，直至显示屏电平行显示为最大值，此时已将频率准确地调谐在被测频率上，液晶屏"频率"行所显示的频率即为被测信号的频率，液晶屏"电平"量程行所显示的电平值即为被测信号的电平。

**注意**：在测量谐波失真时，按测试规定提高灵敏度 40dB（仪器自动完成），在用频率微调轮调谐的过程中，若显示屏左上角出现"！"符号闪烁，说明仪器已处于"过载"状态，则不必再切换量程，此时显示屏上的电平值为所测谐波失真的近似值；若要精确测量，按任一数字键，退出"过载"状态，缓慢旋动频率微调轮；直至电平值显示最大，此时仪器准确地调谐在所测频率的谐波上，该电平值即为谐波的衰减值。

在"过载"状态，不必退出，即可直接按常规操作转换到其他工作状态。

（5）电平量程预置

该选频表默认情况下选测电平量程下限自动设置在-80dB，在-80～20dB 范围均可自动切换量程。

手动设置量程下限，可分别预置电平量程下限为-80dB（无△）、-40dB（3 个△）、-20dB（2 个△）、0dB（1 个△）4 种。

为减小测量时间对测量结果的影响，一般应预先将电平量程下限设置在接近被测电平值的附近，以便迅速得到测量结果。

（6）"V／dB"单位的转换

使用时，按动"V"和"dB"刻度选择键可任意选择"V"、"mV"、"μV"或"dB"刻度，直接读出电压值或相对应的电平值，无须再进行电压和电平单位之间的换算。

## A.4　示波器

示波器是一种用来观察各种周期性变化的信号电压波形的常用测量仪器，可用来测量电压的幅度、频率、相位、调幅指数等，而且具有输入阻抗高、频率响应好、灵敏度高等优点。为了研究几个波形间的关系，还可以采用（单线）双踪、双线或多线示波器。本书仅介绍（单线）双踪示波器的工作原理。

### A.4.1　通用示波器的组成及工作原理

#### 1. 组成

示波器主要由 $Y$ 轴（垂直）放大器、$X$ 轴（水平）放大器、触发器、扫描发生器、示波管及电源组成，其框图如图 A-9 所示。

示波管是示波器的核心。它的作用是把所观察的信号电压变成发光图形。示波管的结构如图 A-10 所示，它主要由电子枪、偏转系统和荧光屏组成。电子枪由灯丝、阴极、控制栅极、第一阳极和第二阳极组成。灯丝通电时加热阴极，使阴极发射电子。第一阳极和第二阳极分别加有相对于阴极为数百和数千伏的正电位，使得阴极发射的电子聚焦成一束，并且获得加速，电子束射到荧光屏上就产生光点。调节控制栅极的电位，可以改变电子束的密度，从而调节光点的明暗的程度。偏转系统包括 $Y$ 轴偏转板和 $X$ 轴偏转板，它们能将电子束按照偏转板上的信号电压作出相应的偏转，使得荧光屏上能绘出一定的波形。荧光屏是在示波管顶端内壁上涂有一层荧光物质制成的，这种荧光物质受高能电子束的轰击会产生辉光，而且还有余辉现象，即电子束轰击后产生的辉光不会立即消失，而将持续一段时间。之所以能在荧光屏幕上观察到一个连续的波形，除了人眼的残留特性外，正是利用了荧光屏余辉现象的缘故。

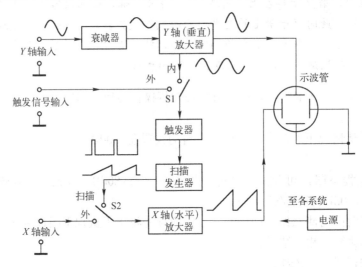

图 A-9　通用示波器的组成框图

示波管的灵敏度比较低，如果偏转板上的电压不够大，就不能明显地观察到光点的移位。为了保证有足够的偏转电压，如图 A-9 所示，$Y$ 轴放大器将被观察的电信号加以放大后，送至示波管的 $Y$ 轴偏转板。

$X$ 轴偏转板所加信号有两种，由开关 $S_2$ 选择。一种是由外部输入一个被测信号加至 $X$ 轴，此时示波器工作在 $X$-$Y$ 输入状态，显示李沙育图形，$S_2$ 选择外输入；另一种则是观测 $Y$ 轴输入的信号波形，此时示波器工作在 $X$ 轴扫描状态，$S_2$ 选择扫描。

$X$ 轴放大器的作用是将扫描电压或 $X$ 轴输入信号放大后，送至示波管的 $X$ 轴偏转板。

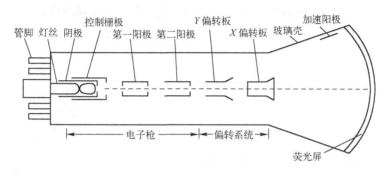

图 A-10　示波管的构造图

扫描发生器的作用是产生一个周期性的线性锯齿波电压（扫描电压），如图 A-9 所示。该扫描电压可以由扫描发生器自动产生，称为自动扫描；也可在触发器的触发脉冲作用下产生，称触发扫描。

触发器将来自内部（被测信号）或外部的触发信号整形后，变为波形统一的触发脉冲，用于触发扫描发生器。若触发信号来自内部，称为内触发；若来自外来信号，则称为外触发，由开关 $S_1$ 选择。

电源的作用是将市电 220V 的交流电压转变为各个数值不同的直流电压，以满足各部分电路的工作需要。

### 2. 波形显示的原理

如果仅在示波管 $X$ 轴偏转板上加有幅度随时间线性增长的周期性锯齿波电压，则示波管屏幕上光点反复自左端移至右端，荧光屏上就出现一条水平线，称为扫描线或时间基线。如果同时在 $Y$ 轴偏转板上加有被观测的电信号，就可以显示电信号的波形。显示波形的过程如图 A-11 所示。

若被观测的信号的频率与锯齿波电压的频率相同，光点自左端移至右端一次（扫描一次），荧光屏上显示一个周期的正弦波，如图 A-11 中的实线部分。若被观测信号的频率是锯齿波电压频率的两倍，光点扫描一次，荧光屏上显示两个周期的正弦波，如图 A-11 中

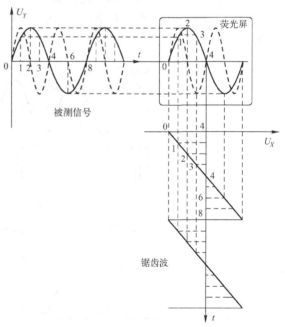

图 A-11　显示波形的原理

的虚线所示，依此类推。正是由于被测信号频率与锯齿波频率保持这种严格的倍数关系，当光点再次扫描所产生的波形和上次扫描的波形完全重合时，才能够看到一个稳定的波形。

但当被测信号的频率与扫描锯齿波的频率不为整数倍时，如图 A-12 所示，锯齿波第一次扫描、第二次、第三次扫描的波形不重合，显示的波形就会出现漂移。

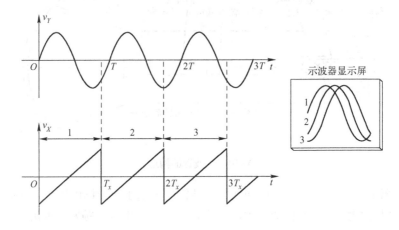

图 A-12  波形不稳的原因

因此，为了保证显示波形稳定，必须强制使锯齿波每次扫描的波形重合，即每次扫描均从被测信号电压为 $V_1$ 的位置开始，如图 A-13 所示。锯齿波与被测信号的这种关系叫做扫描同步。在实际电路中，通常都是通过从被测信号中分离一部分信号来控制锯齿波的产生，在两次扫描之间插入一段等待时间，促使扫描同步。在示波器中这个电路叫做同步电路或触发器。图 A-13 以输入正弦信号为例，显示了各部分的输出波形。

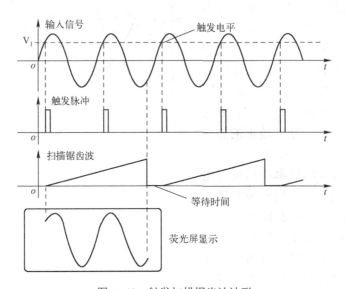

图 A-13  触发扫描锯齿波波形

### 3. 双踪显示的原理

示波管只有一对偏转板，是如何同时显示两个信号波形的呢？图 A-14 为示波器 $Y$ 轴工作原理框图。

示波器有两个前置输入通道 $Y_1$、$Y_2$（或称为 $CH_1$、$CH_2$）。当开关 $S_3$ 接通 $Y_1$ 时，$Y_1$ 输入的信号经电子开关 $S_3$ 送入 $Y$ 轴偏转板，荧光屏上显示 $Y_1$ 的信号波形；当开关 $S_3$ 接通 $Y_2$ 时，$Y_2$ 输入的信号经电子开关 $S_3$ 送入 $Y$ 轴偏转板，荧光屏上显示 $Y_2$ 的信号波形。

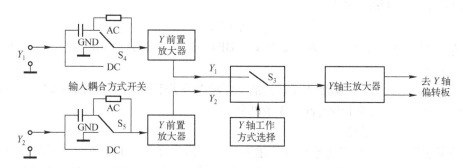

图 A-14　示波器 $Y$ 轴工作原理框图

如果要在荧光屏上观察到两个信号波形，$Y$ 轴工作方式选择交替（ALT）或断续（CHOP），控制电子开关 $S_3$ 在 $Y_1$ 与 $Y_2$ 之间反复切换，由于荧光屏的余辉效应和人眼的视觉暂留现象，可以在荧光屏上同时观察到两个信号波形。交替（ALT）和断续（CHOP）的区别就是开关动作的速率不同。

交替（ALT）："交替"显示波形如图 A-15 所示。开关接通 $Y_1$ 或 $Y_2$ 的时间各为一个锯齿波周期。每扫描一次，开关就切换一次。当扫速在低速档时，会产生明显的闪烁现象，因此，通常"交替"模式适合观察 1kHz 以上的信号。

断续"CHOP"：图 A-16 为"断续"显示的波形。电子开关受机器内部自激振荡器的控制，开关转换速率固定，$Y_1$ 与 $Y_2$ 被分段扫描，波形间断地在荧光屏上显现出来。当被测信号频率较低，开关的转换频率远高于被测信号的频率时，每个信号被扫描的线段足够多，在荧光屏上看到的信号波形好象就是两条连续的波形。通常"断续"适合观察 1kHz 以下的信号。

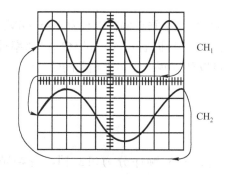

图 A-15　交替（ALT）显示波形

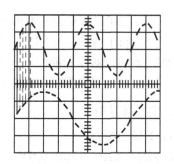

图 A-16　断续（CHOP）显示波形

### 4．示波器的主要技术指标

示波器的技术指标是正确选用示波器的依据，下面仅介绍主要的几项指标。

（1）$Y$ 通道的频带宽度和上升时间

频带宽度（$B_f = f_H - f_L$）表征示波器所能观测的正弦信号的频率范围。由于下限频率 $f_L$ 远小于上限频率 $f_H$，所以频带宽度约等于上限频率，即 $B_f \approx f_H$。频带宽度越大，表明示波器的频率特性越好。

上升时间（$t_r$）决定了示波器可以观察到的脉冲信号的最小边沿。

$f_H$ 和 $t_r$ 二者之间的关系是

$$f_H \cdot t_r = 0.35$$

式中，$f_H$ 单位为 MHz；$t_r$ 单位为 ns。例如，DF4320 型示波器的频带宽度为 20MHz，则上升时间为 17.5ns。

为了减少测量误差，一般要求示波器的上限频率应大于被测信号最高频率的 3 倍以上，上升时间应小于被测脉冲上升时间的 3 倍以上。

（2）$Y$ 通道偏转灵敏度

偏转灵敏度表征示波器观察信号的幅度范围，其下限决定了示波器观察微弱信号的能力，上限决定了示波器所能观察到信号的最大峰–峰值。例如，DF4320 型示波器偏转灵敏度为 5mV/DIV～20V/DIV。在 5mV/DIV 位置时，5mV 的信号在屏幕上垂直方向占一格。如示波器的偏转灵敏度置为 10V/DIV 时，由于其屏幕高度为 8 格，因此，输入电压的峰–峰值不应超过 80V。

（3）扫描时基因数与扫描速度

扫描时基因数是光点在水平方向移动单位长度（1 格或 1cm）所需的时间，单位为 s/DIV。扫描速度是扫描时基因数的倒数，即单位时间内，光点在水平方向移动的距离，单位为 DIV/s，扫描时基因数越小，则扫描速度越快，表明示波器展宽高频信号波形或窄脉冲的能力越强。

（4）输入阻抗

输入阻抗是从示波器垂直系统输入端看进去的等效阻抗。示波器的输入阻抗越大，则对被测电路的影响就越小。通用示波器的输入阻抗规定为 1MΩ，输入电容一般为 22～50pF。

## A.4.2　DF4321 型双踪示波器

本仪器为 20MHz 便携式双通道示波器。垂直系统最小垂直偏转因数为 1mV/DIV，水平系统具有 0.2μs/DIV～0.2s/DIV 的扫描速度，并有×10 扩展功能，可将扫描速率提高到 20ns/DIV。本机的触发功能完善，交替触发功能可以观察两个频率不相关的信号波形；具有电视场同步功能，可获得稳定的电视场信号波形。

### 1．主要技术指标

（1）$Y$ 轴系统

偏转因数范围：5mV/DIV～20V/DIV，按 1-2-5 顺序分为 12 档，各档精度为 ±5%。

微调控制范围：≥2.5:1

AC 耦合下限频率：≤10Hz

输入阻抗在直接耦合状态下：1MΩ±2%，30±5pF

最大安全输入电压：400V（DC±ACpeak）

（2）X 轴系统

扫描时间因数范围： 0.2s/DIV～0.1μs/DIV，按 1-2-5 顺序分为 20 档，使用扩展×5时，最快扫描速率为 20ns/DIV。

精度：×1 档　±5%

　　　　×5 档　±8%

微调控制范围：≥2.5：1

扫描线性：×1 档　±5%

　　　　　×5 档　±10%

（3）其他

校准信号：波形　方波

　　　　　幅度　0.5V±2%

　　　　　频率　1kHz±2%

电源电压：电压范围　220V(198～242V)

　　　　　频率　　　48～62Hz

最大功率：40W

## 2．面板图

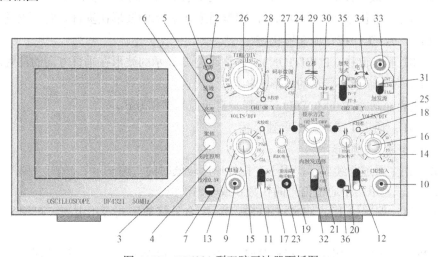

图 A-17　DF4321 型双踪示波器面板图

## 3．主要控制件的名称与作用

（1）显示部分

1——电源（POWER），电源接通或关闭。

2——电源指示（POWER LAMP），电源接通时指示灯亮。

3——聚焦（FOCUS），调节光点清晰度。

4——刻度照明。

5——轨迹旋转（TRACE ROTAION），调节轨迹与水平刻度线平行。

6——亮度（INTENSITY），轨迹亮度调节。

7——校准（PROBE ADJUST），提供幅度为 0.5V，频率为 1kHz 的方波信号，用于调整探头的补偿和检测垂直和水平电路。

（2）$Y$ 轴部分

9、10——通道 1 输入（$CH_1$ 输入）、通道 2 输入（$CH_2$ 输入）。当工作在 $X$-$Y$ 工作方式时，$CH_1$ 输入 $X$ 轴信号，$CH_2$ 输入 $Y$ 轴信号。

11、12——输入耦合方式开关（AC-GND-DC），用于选择被测信号馈入至 $Y$ 轴放大器的耦合方式。

GND：按下此键 $Y$ 轴放大器的输入端被接地，$Y$ 轴信号不能输入，荧光屏上显示一条水平亮线。测量直流分量时，用于调整零电压基准线。

AC：交流耦合输入，信号中的直流分量被滤除。

DC：直接耦合输入，将信号交直流分量全部馈入 $Y$ 轴放大器。

13、14——$Y$ 轴灵敏度选择开关（VOLTS／DIV），或称为电压衰减，用于调节垂直偏转灵敏度。利用这个装置选择适当的档级，可以对被测信号的幅度进行测量。

15、16——$Y$ 轴灵敏度微调扩展控制（VAR PULL×5），用于连续调节垂直偏转灵敏度。当对被测信号的幅度进行定量测量时，该旋钮应顺时针旋足至校准位。当旋钮拉出（PULL）时，信号在垂直方向上扩展 5 倍。

17、18——衰减未校正灯（UNCAL），灯亮表示微调控制旋钮没有处在校准位。

19——$CH_1$ 垂直位移（POSITION），调整通道 1 显示的波形在垂直方向的位置。该旋钮拉出（PULL）时，工作在直流偏置状态。

20——$CH_2$ 垂直位移（POSITION），调整通道 2 显示的波形在垂直方向的位置。该旋钮拉出（PULL）时，通道 2 显示的波形倒相。

21——垂直显示方式（MODE），选择垂直通道的工作方式。

$CH_1$ 或 $CH_2$：通道 1 或通道 2 单独显示。

ALT：两个通道交替显示。

CHOP：两个通道断续显示，用于在扫描速度较低时的双踪显示。

ADD：用于显示两个通道信号的代数和或差.

*23——直流偏置输出端（DC OFFSET），配合外接数字式万用电表，可用来测量信号的电压值。

*24、25——直流平衡电位器（DC BAL），用于调节扫描线的位置，使其稳定不上下移动。

（3）$X$ 轴部分

26——扫描速率控制开关（TIME/DIV），用于调节扫描速度。利用这个装置选择适当的档级，可对被测信号的周期或频率进行测量。当开关顺时针旋足时为 $X$-$Y$ 位，用于测量李沙育图形。

27——扫描微调（SWP VAR），用于连续调节扫描速度。当对信号周期或频率进行定量测量时，应将该微调装置顺时针方向旋足至校准位。

28——扫描未校正灯（UNCAL），灯亮表示扫描微调旋钮未处于校准位。

29——水平移位（POSITION PULL×10），用于调节轨迹在屏幕中的水平位置。旋钮拉出（PULL）时，显示的信号波形在水平方向上扩展 10 倍。

30——通道 1 交替扩展开关（$CH_1$ ALT MAG），$CH_1$ 输入信号能以×1 和×10 两种状态交替显示。

31——触发源（SOURCE），用于选择产生触发的源信号。

INT：内触发。选择加在 $CH_1$ 和 $CH_2$ 上的输入信号为触发源。

LINE：电源触发。选择电源信号作为触发信号。

EXT：外触发。选择由 TRIG INPUT 同轴插口接入的信号作为触发信号。

32——内触发选择（INT TRIG）此开关用于选择不同的内部触发源。

$CH_1$：加在 $CH_1$ 上的输入信号为触发源。

$CH_2$：加在 $CH_2$ 上的输入信号为触发源。

VERT：选择用 $Y$ 轴显示方式开关所选择的信号作为触发信号源。

**注意**：测量两个波形的相位差时，应选用 $CH_1$ 或 $CH_2$ 作为触发信号源，不能选 VERT 档。

33——外触发输入同轴插口（TRIG INPUT），在选择外触发工作时用于外接触发信号。

34——触发电平控制（LEVEL），用于调节被测信号在某一电压电平触发扫描，且能控制触发极性。该旋钮按下时为"+"极性，拉出时为"－"极性。

35——触发方式（TRIG MODE），用于选择触发扫描的方式。

AUTO：仪器始终自动触发，并显示扫描线。

NORM：无触发信号时，屏幕中无轨迹显示，只有当触发信号存在时，才能触发扫描。在被测信号频率较低时选用。

TV-V：用于观察电视信号的场信号波形。

TV-H：用于观察电视信号的行信号波形。

36——接地端（GND），用于示波器的安全接地。

### 4．使用注意事项

（1）开机前应预置面板上的有关控制件，如表 A-3 所示。

表 A-3　示波器控制件的预置

| 控制件名称 | 作用位置 | 控制件名称 | 作用位置 |
|---|---|---|---|
| 亮度（INTENSITY） | 居中 | 输入耦合 | AC 或 DC |
| 聚焦（FOCUS） | 居中 | 扫描速率(TIME/DIV) | 0.5ms/DIV |
| 垂直位移（POSITION） | 居中 | 水平位移（POSITION） | 居中 |
| 垂直显示方式（MODE） | $Y_1$ | 扫描方式(TRIG MODE) | AUTO |
| 电压衰减（V/DIV） | 0.1V/DIV | 触发源选择(SOURCE) | INT |
| 微调（VAR） | 顺时针旋足 | 内触发选择开关（INT TRIG） | $Y_1$ |

（2）开启电源开关，指示灯亮。待 15s 左右荧光屏上应显示 $X$ 扫描线。适当调节亮度、聚焦，使屏上显示一清晰的扫描线。如不显示扫描线，可适当调节触发电平控制（电平

LEVEL）电位器。

（3）进行测量前，应根据被测信号，正确选择和放置仪器上的旋钮开关，再将被测信号接入。

# 附录 B   MATLAB 的基本操作与使用方法

随着计算机技术的高速发展，计算机语言也得到了迅速发展。广为人知的 BASIC 语言、FORTRAN 语言、C 语言等被应用于各种场合。但从工程计算和图形显示的角度，这些语言使用起来并不方便。1984 年，美国 Mathworks 公司正式推出了 MATLAB 语言。MATLAB 是"矩阵实验室"（MATrix LABoratoy）的缩写，是一种科学计算软件，主要适用于控制和信息处理领域的分析设计。它是一种以矩阵运算为基础的交互式语言程序，能够满足工程计算和绘图的需求。与其他算机语言相比，其特点是简洁和智能化，符合科技专业人员的思维方式和书写习惯，使得编程和调试效率大大提高，并且很容易由用户自行扩展。因此，它已成为美国和其他发达国家大学教学和科学研究中必不可少的工具。

MATLAB 语言自 1988 年推出 3.x（DOS）版本，目前已出了 4.x,5.x,6.x,7.x 等（Windows）版本。随着版本的升级，内容不断扩充。

## B.1   MATLAB 的工作环境

MATLAB 的工作环境主要由命令窗（Command Windows）、文本编辑器（File Editor）、若干个图形窗（Figure Windows）及文件管理器组成。MATLAB 视窗采用了 Windows 视窗风格，如图 B-1 所示。各视窗之间的切换可用快捷键〈Alt+Tab〉。

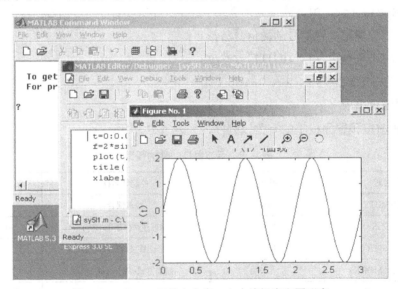

图 B-1   MATLAB 的命令窗、文本编辑窗和图形窗

使用 MATLAB 4.x 以上的版本，可在 Windows 主界面上直接单击 MATLAB 图标，进入 MATLAB 命令窗口。在 MATLAB 命令窗下输入一条命令，按〈Enter〉键，该指令就被立即执行并显示结果。

如果一个程序稍复杂一些，则需要采用文件方式，把程序写成一个由多条语句构成的文件。这时就需要用到文本编辑器。建立一个新文件，应在 MATLAB 命令窗口下单击空白文档符号或在"File"菜单下单击"New"，将打开 MATLAB 文本编辑器窗口，显示一个空白的文档。对已经存在的文件，则单击"打开文件"或在"File"菜单下单击"Open"，会自动进入文件选择窗口，找到文件后选择并打开即可进入 MATLAB 文本编辑器窗口。在 MATLAB 文本编辑器窗口中建立的文件扩展名默认为.m。

如果要建立的文件是 M 函数文件，即希望被其他程序像 MATLAB 中的库函数那样被调用，则文件的第一句应是函数申明行，函数申明行是 M 函数文件必不可少的一部分。如

$$function \quad [y,w]=func01(x,t)$$

式中，function 为 MATLAB 关键字；[ ]放置输出变量；( )放置输入变量；func01 为函数名。当其他程序调用该函数时，只需在程序中直接使用 function 关键字后面的部分。

程序执行的结果以图形方式显示时，将自动打开图形窗。在程序中，图形窗命令为 figure(n)。MATLAB 允许打开多个图形窗。如果程序中对图形窗没有编号，将按程序执行的顺序自动给图形窗编号。

在 MATLAB 命令窗下，还具有许多文件管理的功能。例如，编写的文件放在一个专门的文件夹中，则需要将这个文件夹的路径存入 MATLAB 路径管理器中。否则，这个文件夹中的文件将不能在 MATLAB 环境下执行。在 MATLAB 命令窗口"File"下选择"set Path"，将打开一个路径设置窗口。在这个窗口的"Path"菜单下选择"Add to Path"，找到需要的文件夹，列入 MATLAB 路径，将该路径"保存（Save）"即可。

MATLAB 提供了许多演示程序供使用者参考学习。在 MATLAB 命令窗下输入 demo，将出现 MATLAB 演示图形窗。使用者可根据提示进行操作。通常画面的上半部是图形，下半部是相应的 MATLAB 程序语句。使用者可以在界面上直接修改其中的程序语句并执行，观察其结果。因此，demo 是一个很好的学习辅助手段。

## B.2　MATLAB 的基本语法

在 MATLAB 中,变量和常量的标识符的最大长度为 19 个字符,标识符中第一个字符必须是英文字母。MATLAB 区分大小写，默认状态下，A 和 a 被认为是两个不同的字符。

### B.2.1　数组和矩阵

#### 1. 数组的赋值

数组是指一组实数或复数排成的长方阵列。它可以是一维的"行"或"列"，可以是二维的"矩形"，也可以是三维的甚至更高的维数。在 MATLAB 中的变量和常量都代表数组，赋值语句的一般形式为

变量=表达式（或数）

如输入 a=[1,2,3；4,5,6；7,8,9]，则将显示

a=
　　1　　2　　3

```
        4    5    6
        7    8    9
```

如输入 X=[-3.5,sin(6*pi),8/5*(3+4),sqrt(2)]，则将显示

```
    X =
        -3.5000    -0.0000    11.2000    1.4142
```

式中，数组放置在[ ]中；数组元素用空格或逗号"，"分隔；数组行用分号"；"或"回车"隔离。

### 2. 复数

MATLAB 中的每一个元素都可以是复数，实数是复数的特例。复数的虚部用 i 或 j 表示。复数的赋值形式有如下两种：

得
```
    z=[1+1i ， 2+2i ； 3+3i ， 4+4i]
    z=[1，2；3，4]+[1，2；3，4]*i
    z=1.000+1.000i    2.000+2.000i
      3.000+3.000i    4.000+4.000i
```

以上两式运算结果相同。注意，第二式中的"*"不能省略。

在复数运算中，有几个运算符是常用的。运算符"′"表示把矩阵作共轭转置,即把矩阵的行列互换,同时把各元素的虚部反号。函数 conj 表示只把各元素的虚部反号，即只取共轭。若想求转置而不要共轭，就把 conj 和"′"结合起来完成。例如，输入

可得
```
    w=z′,u=conj(z), v=conj(z)′
    w=1.000-1.000i    3.000-3.000i
      2.000-2.000i    4.000-4.000i
    u=1.000-1.000i    2.000-2.000i
      3.000-3.000i    4.000-4.000i
    v=1.000+1.000i    3.000+3.000i
      2.000+2.000i    4.000+4.000i
```

### 3. 数组寻访和赋值的格式

表 B-1　常用子数组的寻访、赋值格式

| 子数组的寻访和赋值 | 使 用 说 明 |
| --- | --- |
| a(r，c) | 由 a 的"r 指定行"和"c 指定列"上的元素组成的子数组 |
| a(r，:) | 由 a 的"r 指定行"和"全部列"上的元素组成的子数组 |
| a(:，c) | 由 a 的"全部行"和"c 指定列"上的元素组成的子数组 |
| a(:) | 由 a 的各列按自左到右的次序，首尾相接而生成"一维长列"数组 |
| a(s) | "单下标"寻访。生成"s 指定的"一维数组。s 若是"行数组"(或"列数组"），则 a(s)就是长度相同的"行数组"(或"列数组") |

【例 B-1】在命令窗中输入 a=[1,2,3；4,5,6；7,8,9];求 a (1,2)，a (2,:)，a (,3)的值。

**解：**

输入 a(1,2)

将显示 ans =

2

输入 a(2,:)
将显示 ans =

4　　5　　6

输入 a(:,3)
将显示 ans =

3
6
9

其他情况读者可以自行上机观察使用，此处不再一一举例。

### 4．执行数组运算的常用函数

**表 B-2　三角函数和双曲函数**

| 名　称 | 含　义 | 名　称 | 含　义 | 名　称 | 含　义 |
|---|---|---|---|---|---|
| acos | 反余弦 | asinh | 反双曲正弦 | csch | 双曲余割 |
| acosh | 反双曲余弦 | atan | 反正切 | sec | 正割 |
| acot | 反余切 | atan2 | 四象限反正切 | sech | 双曲正割 |
| acoth | 反双曲余切 | atanh | 反双曲正切 | sin | 正弦 |
| acsc | 反余割 | cos | 余弦 | sinh | 双曲正弦 |
| acsch | 反双曲余割 | cosh | 双曲余弦 | tan | 正切 |
| asec | 反正割 | cot | 余切 | tanh | 双曲正切 |
| asech | 反双曲正割 | coth | 双曲余切 | | |
| asin | 反正弦 | csc | 余割 | | |

**表 B-3　指数函数**

| 名　称 | 含　义 | 名　称 | 含　义 | 名　称 | 含　义 |
|---|---|---|---|---|---|
| exp | 指数 | log10 | 常用对数 | pow2 | 2 的幂 |
| log | 自然对数 | log2 | 以 2 为底的对数 | sqrt | 平方根 |

说明：表 B-3、表 B-4 中函数的使用形式与其他语言相似。如

X=tan(60)，　Y=20*log(U/0.775)，　Z=1-exp(-1.5*t)。

**表 B-4　复数函数**

| 名　称 | 含　义 | 名　称 | 含　义 | 名　称 | 含　义 |
|---|---|---|---|---|---|
| abs | 模，或绝对值 | conj | 复数共轭 | real | 复数实部 |
| angle | 相角(弧度) | imag | 复数虚部 | | |

**【例 B-2】** 已知 $h=a+jb$，$a=3$，$b=4$，求 $h$ 的模。

**解:**

输入　a=3

　　　b=4

　　　h=a+b*j

　　　abs(h)

将显示

　　ans =

　　　　5

输入　angle(h)

将显示

　　ans =

　　　　0.9273

输入　real(h)

将显示

　　ans =

　　　　3

输入　imag(h)

将显示

　　ans =

　　　　4

表 B-5　取整函数和求余函数

| 名　　称 | 含　　义 | 名　　称 | 含　　义 |
|---|---|---|---|
| ceil | 向+∞舍入为整数 | rem(a,b) | a 整除 b,求余数 |
| fix | 向 0 舍入为整数 | round | 四舍五入为整数 |
| floor | 向-∞舍入为整数 | sign | 符号函数 |
| mod(x,m) | x 整除 m 取正余数 | | |

**【例 B-3】** 输入 ceil(1.45)

显示

　　ans =

　　　　2

输入　fix(1.45)

将显示

　　ans =

　　　　1

输入　floor(-1.45)

将显示

 ans =

  -2

输入　round(1.45)

将显示

 ans =

  1

输入　round(1.62)

将显示

 ans =

  2

输入　mod(-55,7)

将显示

 ans =

  1

键入　rem(-55,7)

将显示

 ans =

  -6

## 5．基本赋值数组

表 B-6　常用基本数组和数组运算

| 基 本 数 组 | | | |
|---|---|---|---|
| zeros | 全零数组($m×n$ 阶) | logspace | 对数均分向量($1×n$ 阶数组) |
| ones | 全 1 数组($m×n$ 阶) | freqspace | 频率特性的频率区间 |
| rand | 随机数组($m×n$ 阶) | meshgrid | 画三阶曲面时的 $X$, $Y$ 网格 |
| randn | 正态随机数数组($m×n$ 阶) | linspace | 均分向量($1×n$ 阶数组) |
| eye(n) | 单位数组(方阵) | : | 将元素按列取出排成一列 |
| 特殊变量和函数 | | | |
| ans | 最近的答案 | Inf | Infinity(无穷大) |
| eps | 浮点数相对精度 | NaN | Not-a-Number(非数) |
| realmax | 最大浮点实数 | flops | 浮点运算次数 |
| realmin | 最小浮点实数 | computer | 计算机类型 |
| pi | 3.14159235358579 | inputname * | 输入变量名 |
| i,j | 虚数单位 | size | 多维数组的各维长度 |
| length | 一维数组的长度 | | |

为便于大量赋值，MATLAB 提供了一些基本数组。举例说明如下：

A=ones（2，3），B=zeros（2，4），C=eye（3）

得　A=1　1　1　　　　B=0　0　0　0　　　C=1　0　0
　　　 1　1　1　　　　　　 0　0　0　0　　　　 0　1　0
　　　　　　　　　　　　　　　　　　　　　　 0　0　1

线性分割函数 linspace（a，b，n）在 $a$ 和 $b$ 之间均匀地产生 $n$ 个点值，形成 $1 \times n$ 元向量。如

D=linspace（0，1，5）

得　D= 0　0.2500　0.5000　0.7500　1.0000

### 6. 数组运算和矩阵运算

MATLAB 中最基本的运算是矩阵运算。但是在 MATLAB 的运用中，大量使用的是数组运算。从外观形状和数据结构上看，二维数组和（数学中的）矩阵没有区别。但是，矩阵作为一种变换或映射算子的体现，其运算有着明确而严格的数学规则。而数组运算是 MATLAB 软件所定义的规则，其目的是为了使数据管理方便、操作简单、指令形式自然简便以及执行计算有效。虽然数组运算尚缺乏严谨的数学推理，仍在完善和成熟中，但它的作用和影响正随着MATLAB 的发展而扩大。

为更清晰地表述数组运算与矩阵运算的区别，以表 B-7 来说明各数组运算指令的意义。其中，假定 $s=2$，$n=3$，$p=1.5$。

A=[1,2,3; 4,5,6; 7,8,9]，
B=[2,3,4; 5,6,7; 8,9,1]。

表 B-7　举例说明数组运算指令的意义

| 指　令 | 含　义 | 运　算　结　果 | | |
|---|---|---|---|---|
| s+A | 标量 $s$ 分别与 $A$ 元素之和 | 3<br>6<br>9 | 4<br>7<br>10 | 5<br>8<br>11 |
| A−s | $A$ 分别与标量 $s$ 的元素之差 | -1<br>2<br>5 | 0<br>3<br>6 | 1<br>4<br>7 |
| s.*A | 标量 $s$ 分别与 $A$ 的元素之积 | 2<br>8<br>14 | 4<br>10<br>16 | 6<br>12<br>18 |
| s./A 或 A.\s | $s$ 分别被 $A$ 的元素除 | 2.0000<br>0.5000<br>0.2857 | 1.0000<br>0.4000<br>0.2500 | 0.6667<br>0.3333<br>0.2222 |
| A.^n | $A$ 的每个元素自乘 $n$ 次 | 1<br>64<br>343 | 8<br>125<br>512 | 27<br>216<br>729 |
| p.^A | 以 $p$ 为底，分别以 $A$ 的元素为指数求幂值 | 1.5000<br>5.0625<br>17.0859 | 2.2500<br>7.5938<br>25.6289 | 3.3750<br>11.3906<br>38.4434 |
| A+B | 对应元素相加 | 3<br>9<br>15 | 5<br>11<br>17 | 7<br>13<br>10 |
| A−B | 对应元素相减 | −1<br>−1<br>−1 | −1<br>−1<br>−1 | −1<br>−1<br>8 |

（续）

| 指 令 | 含 义 | 运 算 结 果 | | |
|---|---|---|---|---|
| A.*B | 对应元素相乘 | 2 | 6 | 12 |
| | | 20 | 30 | 42 |
| | | 56 | 72 | 9 |
| A./B 或 B.\A | A 的元素被 B 的对应元素除 | 0.5000 | 0.6667 | 0.7500 |
| | | 0.8000 | 0.8333 | 0.8571 |
| | | 0.8750 | 0.8889 | 9.0000 |
| exp(A) | 以自然数 e 为底，分别以 A 的元素为指数，求幂 | 1.0e+003 * | | |
| | | 0.0027 | 0.0074 | 0.0201 |
| | | 0.0546 | 0.1484 | 0.4034 |
| | | 1.0966 | 2.9810 | 8.1031 |
| log(A) | 对 A 的各元素求对数 | 0 | 0.6931 | 1.0986 |
| | | 1.3863 | 1.6094 | 1.7918 |
| | | 1.9459 | 2.0794 | 2.1972 |
| sqrt(A) | 对 A 的各元素求平方根 | 1.0000 | 1.4142 | 1.7321 |
| | | 2.0000 | 2.2361 | 2.4495 |
| | | 2.6458 | 2.8284 | 3.0000 |

【例 B-4】 有一函数 $X(t)=t\sin3t$, 在 MATLAB 程序中如何表示？

**解：** X=t.*sin(3*t)

【例 B-5】 有一函数 $X(t)=(\sin3t)/3t$, 在 MATLAB 程序中如何表示？

**解：** X=sinc(3*t)

## B.2.2 逻辑判断与流程控制

### 1. 关系运算

关系运算是指两个元素之间数值的比较,一共有 6 种可能，如表 B-8 所示。

关系运算的结果只有两种可能,即 0 或 1。0 表示该关系式为"假"，1 表示该关系式为"真"。

【例 B-6】 已知 A=3+4==7，得 A=1。

【例 B-7】 已知 N=0，B=[N==0]，得 B=1。

已知 N=2，B=[N==0]，得 B=0。

表 B-8 关系运算符

| 指 令 | 含 义 | 指 令 | 含 义 |
|---|---|---|---|
| < | 小于 | >= | 大于等于 |
| <= | 小于等于 | == | 等于 |
| > | 大于 | ~= | 不等于 |

### 2. 逻辑运算

逻辑量的基本运算为"与（&）"、"或（｜）"、"非（～）" 3 种，另外还可以用"异或（xor）"，如表 B-9 所示。

表 B-9 逻辑运算符

| 运 算 | A=0 | | A=1 | |
|---|---|---|---|---|
| | B=0 | B=1 | B=0 | B=1 |
| A&B | 0 | 0 | 0 | 1 |
| A\|B | 0 | 1 | 1 | 1 |

（续）

| 运　算 | A=0 | | A=1 | |
|---|---|---|---|---|
| | B=0 | B=1 | B=0 | B=1 |
| ~A | 1 | 1 | 0 | 0 |
| xor(A,B) | 0 | 1 | 1 | 0 |

### 3. 基本的流程控制语句

（1）if 条件执行语句

格式：　　if　表达式　语句, end

　　　　　if 表达式 1　语句组 A, else　　语句组 B, end

　　　　　if 表达式 1　语句组 A, elseif　　表达式 2　语句组 B, else　语句组 C, end

执行到该语句时，计算机先检验 if 后的逻辑表达式，为 1 则执行语句 A；如为 0 则跳过 A 检验下一句程序，直到遇见 end，执行 end 后面的一条语句。

【例 B-8】　if 程序举例。

```
if n<=2
    x=2;
elseif n>3
    x=3;
end
```

若 n=5，则结果

```
x=
    3
```

（2）while 循环语句

格式：　while　表达式　　语句组 A, end

执行到该语句时，计算机先检验 while 后的逻辑表达式，为 1 则执行语句组 A；到 end 处，它就跳回到 while 的入口，再检验表达式，如仍为 1 则再执行语句组 A，直到结果为 0，就跳过语句组 A, 直接执行 end 后面的一条语句。

【例 B-9】在 MATLAB 命令窗中输入以下程序。

```
while k<=1000
    k =k+1;
end
```

在命令窗输入 k，将显示

```
k=
   1001
```

（3）for 循环语句

格式：　for k=初值:增量:终值　语句组 A, end

将语句组 A 重复执行 N 次，但每次执行时程序中 k 值不同。增量默认值为 1。

【例 B-10】在 MATLAB 命令窗中输入以下程序。

```
y=0
```

```
    for k=1:20
        y=y+k;
    end
```

在命令窗输入 y，将显示

```
    y=
        210
```

（4）switch 多分支语句

格式：　switch 表达式（标量或字符串）

```
        case  值 1
            语句组 A
        case  值 2
            语句组 B
        ……
        otherwise
            语句组 N
        end
```

当表达式的值与某 case 语句中的值相同时，它就执行该 case 语句后的语句组，然后直接跳到 end 处。

## B.2.3　基本绘图方法

### 1．二维图形函数

MATLAB 语言支持二维和三维图形，这里主要介绍常用的二维图形函数，如表 B-10 所示。

表 B-10　常用图形函数库

| 基本 X-Y 图形 | | | |
| --- | --- | --- | --- |
| plot | 线性 X-Y 坐标绘图 | polar | 极坐标绘图 |
| loglog | 双对数 X-Y 坐标绘图 | plotyy | 用左、右两种 Y 坐标画图 |
| semilogx | 半对数 X 坐标绘图 | semilogy. | 半对数 Y 坐标绘图 |
| stem | 绘制脉冲图 | stairs | 绘制阶梯图 |
| bar | 绘制条形图 | | |
| 坐 标 控 制 | | | |
| axis | 控制坐标轴比例和外观 | subplot | 按平铺位置建立子图轴系 |
| hold | 保持当前图形 | | |
| 图 形 注 释 | | | |
| title | 标出图名（适用于三维图形） | gtext | 用鼠标定位文字 |
| xlabel | X 轴标注（适用于三维图形） | legend | 标注图例 |
| ylabel | Y 轴标注（适用于三维图形） | grid | 图上加坐标网格（适用于三维） |
| text | 在图上标文字（适用于三维） | fprintf | 设置显示格式 |

（续）

| 打　印 | | | |
|---|---|---|---|
| print | 打印图形或把图存为文件 | orient | 设定打印纸方向 |
| printopt | 打印机默认选项 | | |
| 常用的三维曲线绘图命令 | | | |
| Plot3 | 在三维空间画点和线 | mesh | 三维网格图 |
| fill3 | 在三维空间绘制填充多边形 | surf | 三维曲面图 |

最常用命令的使用说明如下：

Plot(t,y) 表示用线性 $X$-$Y$ 坐标绘图，$X$ 轴的变量为 $t$，$Y$ 轴的变量为 $y$。

Subplot(2,2,1)表示建立 $2\times2$ 子图轴系，并选定图 1。

axis([0　1　-0.1　1.2]) 表示建立一个坐标，横坐标的范围为 0～1，纵坐标的范围为 -0.1～1.2。

title('X(n)曲线') 表示在子图上端标注图名。

作图时，线形、点形和颜色的选择可参考表 B-11。

表 B-11　线形、点形和颜色

| 标志符 | b | c | g | k | m | r | w | y | |
|---|---|---|---|---|---|---|---|---|---|
| 颜　色 | 蓝 | 青 | 绿 | 黑 | 品红 | 红 | 白 | 黄 | |
| 标志符 | • | ○ | × | + | — | * | : | -• | --- |
| 线、点 | 点 | 圆圈 | ×号 | +号 | 实线 | 星号 | 点线 | 点画线 | 虚线 |

## 2．举例

以下举例说明二维图形函数在程序中的使用方法。

【例 B-11】 作一条曲线 $y = e^{-0.1t}\sin t$ 　　$(0 < t < 4\pi)$

解：程序如下。

```
t=0:0.5:4*pi;              %将 t 在 0 到 4π 间每间隔 0.5 取一点
y=exp(-0.1*t).*sin(t);     %建立曲线
subplot(2,2,1),plot(t,y);  %建立 2×2 子图轴系,在图 1 处绘线性图
title('plot(t,y)');        %标注图名
subplot(2,2,2),stem(t,y);  %在 2×2 子图轴系图 2 处绘脉冲图
title('stem(t,y)');
subplot(2,2,3),stairs(t,y); %在 2×2 子图轴系图 3 处绘阶梯图
title('stairs(t,y)');
subplot(2,2,4),bar(t,y);   %在 2×2 子图轴系图 4 处绘条形图
title('bar(t,y)');
```

【例 B-12】 已知 $y_1 = \sin 2\pi t$，$y_2 = \cos 4\pi t$。在同一坐标系对两条曲线作图，用不同的颜色和线型区分。

**解:**

方法一: 将同时显示曲线的两个向量列入数组, $t$ 必须等长。显示的线型和颜色不能任意选择, 如图 B-2 所示。

```
t=0:0.01:2;
y1=sin(2*pi*t);
y2=cos(4*pi*t);
plot(t,[y1;y2]);
```

图 B-2　例 B-12 方法一

方法二: 显示曲线的向量 $t$ 不必等长, 显示的线型和颜色能任意选择。作图时, 先画第一条曲线并将其保持住, 再画第二条曲线, 如图 B-3 所示。

```
t1=0:0.01:1;
y1=sin(2*pi*t1);
t2=0:0.01:2;
y2=cos(4*pi*t2);
plot(t1,y1,'*m'),hold ;          %让第一条曲线保持住,再画第二条曲线
plot(t2,y2,'+b');
```

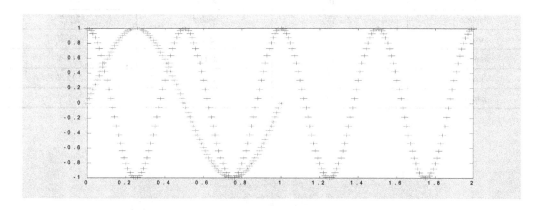

图 B-3　例 B-12 方法二

# 附录 C 本书 MATLAB 子函数使用情况速查表

| MATLAB 子函数 | 在本书的位置 | MATLAB 子函数 | 在本书的位置 |
| --- | --- | --- | --- |
| abs | 2.1 节 | kaiser | 2.16 节 |
| angle | 2.8 节 | laplace | 2.3 节 |
| axis | 2.2 节 | length | 2.2 节 |
| bar | 2.1 节 | linspace | 2.6 节 |
| bartlett | 2.16 节 | lsim | 2.5 节 |
| blackman | 2.16 节 | mesh | 2.6 节 |
| butter | 2.15 节 | modulate | 2.10 节 |
| buttord | 2.15 节 | plot | 2.1 节 |
| boxcar | 2.16 节 | pzmap | 2.7 节 |
| cheb1ord | 2.15 节 | real | 2.2 节 |
| cheb2ord | 2.15 节 | residue | 2.4 节 |
| chebwin | 2.16 节 | residuez | 2.12 节 |
| cheby1 | 2.15 节 | roots | 2.7 节 |
| cheby2 | 2.15 节 | sawtooth | 2.2 节 |
| conv | 2.5 节 | sinc | 2.2 节 |
| ellip | 2.15 节 | square | 2.2 节 |
| ellipord | 2.15 节 | stairs | 2.1 节 |
| fft | 2.9 节 | stem | 2.1 节 |
| fftshift | 2.9 节 | step | 2.4 节 |
| fir1 | 2.16 节 | syms | 2.3 节 |
| freqs | 2.8 节 | subplot | 2.1 节 |
| freqz | 2.14 节 | text | 2.14 节 |
| grid | 2.6 节 | tf2zp | 2.7 节 |
| hamming | 2.16 节 | title | 2.1 节 |
| hanning | 2.16 节 | triang | 2.16 节 |
| ifft | 2.9 节 | xlabel | 2.1 节 |
| ilaplace | 2.3 节 | ylabel | 2.1 节 |
| imag | 2.2 节 | zp2tf | 2.7 节 |
| impulse | 2.4 节 | zplane | 2.13 节 |
| impz | 2.12 节 | ztrans | 2.12 节 |
| iztrans | 2.12 节 | | |

# 参 考 文 献

[1] 郑君里，应启珩，杨为理. 信号与系统[M]. 2版. 北京：高等教育出版社，2000.

[2] 楼顺天，李博菡. 基于 MATLAB 的系统分析与设计——信号处理[M]. 西安：西安电子科技大学出版社，2000.

[3] 陈怀琛. 数字信号处理教程——MATLAB 释义与实现[M]. 北京：电子工业出版社，2005.

[4] 张志涌，等. 精通 MATLAB 5.3 版本[M]. 北京：北京航空航天大学出版社，2000.

[5] 王尧，等. 电子线路实践[M]. 南京：东南大学出版社，2000.

[6] 陈怀琛. MATLAB 及其在理工课程中的应用指南[M]. 西安：西安电子科技大学出版社，2000.

[7] 梁虹，梁洁，陈跃斌. 信号与系统分析及 MATLAB 实现[M]. 北京：电子工业出版社，2002.

[8] 党宏社. 信号与系统实验(MATLAB 版)[M]. 西安：西安电子科技大学出版社，2007.

[9] 刘舒帆，费诺，陆辉. 数字信号处理实验(MATLAB 版)[M]. 西安：西安电子科技大学出版社，2008.

[10] 谷源涛，应启珩，郑君里. 信号与系统——MATLAB 综合实验[M]. 北京：高等教育出版社，2008.